HSP
高敏感性格

【日】长沼睦雄 — 著

金海英 — 译

也可以很幸福

写给容易受伤的你

中国出版集团　现代出版社

愿你能找到恰当的方式，将自己调整到舒适的状态。

序 言

2000 年，我读过伊莱恩·N.阿伦博士的《天生敏感》，之后一直在思考什么是"过度敏感"，而且也深深体会到这类人的"难处"。的确，现代社会不是一个对高度敏感者亲切和善的社会。不过我认为，这种局面可以靠自己来改善。

很多高度敏感者，因理想与现实、语言与非语言之间的差距而感到痛苦。他们往往能感觉到很多细枝末节，心里想的也很多，对情绪的变化也很敏感，但真正能表达出来的却只有其中的一部分而已。有一个"输出依赖性原理"，指的是被输入的内容在为某种目的而输出的过程中，会得到应用，并发生新的变化。然而在高度敏感者身上，这一原理并不能正常运用。由于内向与外向、主观与客观、自己视角与他人视角、自己轴与他人轴之间的平衡失调，他们容易在认识自己和现实的过程中出现歪曲理解、钻牛角尖等现象，"未能表达出来的情感""似乎不是真正的我"等感觉会把他们原有的光芒遮盖住。

大脑在认识一个事物时，会综合应用形状、含义、声音这三种要素来组织相关语言；认识自己时，则会综合应用形象、价值、感觉这三种要素来进行汇总。这两类三要素分别对应的是大脑的功能作用，无论哪一种功能变弱，都会导致对语言、自我的认识变得不够充分。

实际上，我们的大脑能够认识、辨别到的也只是"真相"的一部分而已，如果我们自己不去努力，那么能获取的信息就更加有限。因此，即使看到相同的真相，每个人对该真相的认识却不同，从中获取的信息也不一致。

我们所见到的现实是自己制造出来的，既然如此，只需改变自己的认识就能解决好多问题。这个道理谁都懂，但是很多人因为没有强烈意识到自己需要改变，抑或不懂改变的方法，而继续苦恼着。

世上有很多人是有能力帮助别人摆脱困境的，他们开朗、博学、充满爱心和力量，像小太阳一样散发着光芒。你要是发现了温柔、体贴、开朗的人，一定要鼓起勇气向他敞开心扉，有事情可以找他商量，让他将智慧、勇气和技术传授给你。

你知道吸引力法则吧，它的本质就是吸引"真心"。所以，有了想吸引的对象时，需要先明确了解我们自己的真心。所谓真心，是绝对不能对人说、只能藏在心底的东西。一想到说出真心话之后可能产生的后果，很多人还是会忍住不说出来。他们拼命抑制自己，不说出真实想法，以此迎合周围的人，继续扮演"好人"角色。

而一直积在内心的真心话，一旦受到外界的过度刺激时，就会一次性爆发出来。不过这也好，唯有这样，周围的人才能看到你的真心，心里的伤口、只有你自己知道的秘密、一个人苦恼到现在的问题等，才有机会得到解决。说出真心话，也意味着走出黑暗。

什么是"障碍""疾病""外伤"呢？人这辈子真正需要实现的是"活出自己"，但是不少人都在"按照他人的想法活着"，所以才会痛苦。活出自己，就是要把那个自然地浮现在我们脑海中的、"想做××"的想法变成事实。

那么"失去"又是什么呢？"有失去的，才有机会得到新的""先去破坏，才会有新的东西诞生"，然而，我们内心都有一种惯性，想继续持有现有的、已得到的，所以才会有痛苦。放下你现在所有的，心情就会轻松很多。

"生命"是什么呢？"生命不会结束"，然而就因为我们认为生命"会结束"，才觉得死亡是痛苦的。不仅仅是人类，世上万物都生生不息。

"母性"是什么？母性是"包容、孕育的力量"，过度敏感的人具有母性的特点，他们只有在母性时代才能够发挥出自己的强项。然而当下是一个"强者当道的父性时代"，所以他们才会觉得活着如此痛苦。他们在父性时代需要学会保持平衡。

"人类"又是什么呢？"人是会变的"，然而人们通常会认为"人是不会改变的"，就因为这个想法，当我们看到有人变化时才会感到痛苦。不仅是人类，世上万物都是在变化的。

表与里、阴与阳、善与恶、正与邪是个整体且在不断变化中，有时根本看不出它们之间的分界线在何处。事物都有两面，有时通过相互反转的过程保持整体的平衡性。

　　接受"大家都有不同的感觉、反应"，了解到"大家都会变化、没什么大不了的"，你就能从"我应该××"转变成"活出最自然的我"。

　　也许你之前经常因过度敏感而感到痛苦。在这里我由衷地希望，从现在开始，学会利用那些因敏感而遭受痛苦的经历，活出真正的自己。

长沼睦雄

目 录

第1章

你心中不安的真面目是什么

第2章

这样就可以！消除身边不安因素的方法

第**3**章

学会如何搭建"自己轴",彻底向不安道别

第4章

不管什么样的自己都能接受时，人才能变得幸福

第 **1** 章

你心中不安的真面目是什么

ＨＳＰ自我测试清单

请根据你的感觉判断以下问题，在你认为"是"的项目中打"√"。
完全没有这种情况，或未达到那种程度的，不要打"√"。

□ 不擅长和人交流，不擅长处理人际关系

□ 有自己的原则，不过为人直率、纯洁、体贴，且容易相信人

□ 想保护他人的心情很强烈

□ 有使命感，有很强的进取心

□ 认真，责任心很强

□ 时常对负面的情感产生强烈的共鸣

□ 擅长捕捉场内氛围

□ 正义感强，很有礼貌

□ 总爱和人妥协，不自觉地想当"好人"

□ 颜色、声音、味道等方面稍有一点刺激都能让你心烦意乱

□ 梦、幻想等很真实，容易和现实混淆

□ 会给自己独处的时间，一个人待在某个空间时会感到安心

□ 没办法跟着对方的节奏做事

□ 太顾及对方的感受，以至于没办法说 NO

□ 身处人群中，就会变得沉默，经常一个人待着

□ 情感、语言、行动很难表露在外，会不由自主地压抑自己

□ 不擅长面对监督、评价、时间有限等情况

□ 总会被周围人的心情、情感所左右

□ 很容易感到精神疲倦

□ 很难同时做很多事

打"√"的项目越多，表示你的 HSP 倾向越强。
打"√"的项目少，但是你相应的表现很强烈，那么也表示你有 HSP 倾向。

"高度敏感的人" =HSP，他们无处不在

HSP（Highly Sensitive Person）就是指"高度敏感的人"。HSP 这个概念，是 1996 年由美国心理学家伊莱恩·N. 阿伦博士提出来的。随着她的著作《天生敏感》（日文版书名为《写给对琐碎的小事情也会轻易动摇的你》）和《亲密关系：该如何安放敏感的心灵》（日文版书名为《写给对爱情轻易动摇的你》）相继进入畅销图书榜，她提出的这一新概念也渐渐为世人所熟知。

阿伦博士之所以提出 HSP 这一概念，是因为她本人就是一个对细微的刺激也会做出反应的人，是一个超级 HSP 者。也因此，在日常生活中，她经常遇到烦恼和痛苦。作为卡尔·荣格（Carl Gustav Jung）派的心理学家，她一方面进一步挖掘自己的内心世界，另一方面搜集了很多其他 HSP 者的心声，进行理论分析。自己天生所具有的情感细腻、容易紧张等特性其实是神经对感官刺激呈现出的"过敏性"——这就是她得出的结论。

她通过研究得知，无论是哪一种社会、哪一个年龄段、哪种性别，HSP 人群总会占总人口的 15%—20%。HSP 是天生具有的特性，不光是因环境形成的（顺便说一句，我本人认为这个比例是 20%，也就是说 5 个人中有 1 个人是 HSP 者，这样有助于读者的理解）。

阿伦博士的著作不光是在美国，在全世界范围都成为畅销

书。看得出，有相同烦恼的人是无处不在的。

我第一次听说阿伦博士的著作是在 2000 年，她的书在日本被翻译出版。当时，我正在对自闭症的感官残疾患者进行临床研究。我得知阿伦博士也关注"五感之外的感官过敏性""留恋的重要性"等课题，顿觉她的研究可以给我提供新的视野，帮助我更深入地理解自闭症，便立即开始对敏感特性的研究。

那些患有自闭症的孩子，有的不擅长交流，但有自己的原则，且直率纯洁，容易相信别人，温柔体贴；也有的抱着想保护别人的强烈想法，进取心很强；还有的做事认真，责任心强，也容易对别人产生共鸣。当我站在 HSP 这个角度去观察他们的时候，就遇到了具有很高的知性、有思考能力、直觉强，看似有残疾症状，实际上应该属于 HSP 人群的孩子。

拥有与生俱来的高素质、优秀才能的孩子，却在一个缺乏安全感和信赖关系、严格的家庭环境中（除了家暴、虐待等环境以外，过度保护、过度干涉的家庭环境也属于这种情况）成长，他们经历了很多痛苦，身心均留下创伤和阴影，负面情绪会在内心慢慢积累，最终导致在精神上感到痛苦，这样的事例有很多。

我在继续研究自闭症儿童的临床调查过程中发现，患者中不管有没有疾病、残疾，也不管什么年龄，其中有 20%—30%的人对周遭发生的事和人的心情有着超乎寻常的敏感直觉。后来，阿伦博士通过研究，证明了这些并不单单是因为他们的单纯性格，或思考的习惯而导致的。

"我究竟为什么这么容易受伤、活得这么痛苦呢？"很多人不知道其中的缘由，认为自己就是"脆弱""缺乏努力"的，还为此责怪自己。周围的人也经常向这种人投去责怪的目光，总是说"痛苦的人又不是你一个""别人都能做到，你为什么就做不到呢"。

现在，我们终于可以利用 HSP 的新概念来解释这一群人为何容易受伤、为何活得如此痛苦，不得不说这对 HSP 人群而言是一种救赎。

但是，就像神经发育障碍（Neurodevelopmental Disorder）一样，这是一种天生具有的神经特征。神经质、胆小、容易害羞、内向、消极、喜欢独处，并不是因为性格软弱，也不是因为不够努力。包括 HSP 者自身和周围的人，责怪 HSP 者为何如此有别于大多数人，这种态度本身就是一种错误。

很多 HSP 者因为这个"发现"而得救了。如果你也是 HSP 者，那么一定要借这个机会将背负多年的沉重心事放下来。希望你能够找到一个发挥自己优秀强项、安心待下去的环境，度过一个自由而快乐的人生，这就是我的衷心祝愿。

HSP 的敏感特征

阿伦博士曾经说过，只要是 HSP 人群就一定会有以下 4 个特征。下面，我想从大脑的视觉情报处理构造的角度去说明。

1. 细致谨慎地进行深层次情报处理工作

视觉情报，通过眼睛的视网膜捕捉到视觉刺激后由大脑进行综合处理的过程，被大脑识别。

通常这些情报是由 3 种视觉细胞获取的，不过 HSP 人群还会捕捉到其他的感觉情报，可以获取更加详细的情报。因此，HSP 人群能感觉到比一般人更细腻、更有深度的色彩质感。

2. 容易过度地受到刺激

就通过视觉情报和通过记忆进行再生的情报而言，无论是情报种类还是数量，即使在同一个场所，HSP 人群得到的都会比非 HSP 人群多得多。

3. 情感反应强烈，尤其是共情能力超强

HSP 人群可从表情、动作捕捉视觉情报，还可以从记忆中的情报获取情感或对其产生共鸣，甚至可以捕捉到对方没有表露在外的信息。因此，他们比非 HSP 人群更加容易对他人的情感产生共鸣。

4. 对于细微的刺激也会做出反应

HSP 的视觉功能宛如高性能望远镜一样。可以注意到远处的微小物体、整体当中的一个小小局部的变化等，而且他们对这些做出反应的能力也比普通人强。

现在你是否对 HSP 人群的特征有了一点了解呢？HSP 者的感觉功能处理情报时，其细腻程度、能力都会比一般人强一倍。

不过有的人知道自己属于 HSP，一直认为"我是个没能力的人。周围很多人都能做到的事情我都做不到，我一直都是个劣等生"。

共情能力强，说明容易感受到他人内心的痛苦。HSP 人群中有很多人是有良心且善良的。而且，很多都是忙着周到、谨慎、有深度地处理感觉情报，还不时地被他人内心痛苦所影响，无论是从时间还是从精力方面，都没有余裕去反驳他人。

相反，还有一种人会利用 HSP 者善良、正直的一面。HSP 人群因为感受力强，容易对负面刺激做出反应，所以不安倾向严重，也容易变得悲观，有容易陷入负面思考的倾向。

日本是一个"减分主义"社会，人们更关注的是你不会什么而不是你会什么，所以对 HSP 人群而言，绝对不是容易生活的社会。不过我们可以通过了解 HSP 者的特征、面对各种刺激时的感觉，尽量减少困难而使自己的人生之路变得比之前容易些。

HSP 者是如何受伤的

首次提出 HSP 概念的阿伦博士称，HSP 者的敏感和非 HSP 者相比，完全不是一个档次。假设我们用山来表达敏感程度的分布，HSP 者或许和非 HSP 者有重叠的部分，但追究其本质，它是一座完全不同性质的山。

就 HSP 者比例而言，5 个人中有 1 个人是 HSP，它是少数派，这是毋庸置疑的。这个事实，也是使 HSP 人群感到活着很难的原因之一。HSP 人群有一般人所不具备的敏感，换句话来讲，他们是被一群迟钝的人所包围着。"这个社会到处都是迟钝的人。"阿伦博士说道。

比起神经可顾及细微处、对各种刺激都必须做出反应的 HSP 人群，那些很难注意到细微处、不会对外部刺激产生反应的人，当然会活得更加轻松。这是毋庸置疑的。他们做出的反应次数一定比 HSP 人群少很多。

那么，我们来看看 HSP 人群在实际生活中是如何受伤的（以下姓名为化名）。

姓名：诗织
去电影院看可爱又快乐的动漫电影时，别的小孩都在开开心心地观看，可我却怕得要命。由于我在电影院里哭得太厉害，我父母没办法，只好把我带到了外面。即使成年后，我还是很胆小。在很明亮的办公室，听到脚步声靠近，心里都会咯噔一下。有人在我身后碰一下我的肩膀，我都会吓一大跳。有的人说我是装的，在背后说我坏话，有人觉得很好玩，就故意来吓我。可我真的很怕。想到这些就很难过。

姓名：由香理

有人托我办事，我就会很担心，我能否完成、是否来得及交差，这些都会让我不安。我心想绝对不能给他人添麻烦，就会尽力往前推进，甚至直到完成这件事，我都没办法放轻松。看到上司看上去不高兴，我心里就会各种忐忑不安。我也跟同事们聊过这种情况，他们一般都会回答"有这种事啊？""你太敏感了吧"。我讨厌如此神经质的自己。

姓名：由纪

人都说年纪大了更容易流泪，可我好像流了太多的泪。比如上一次，有一位爷爷去世了。他活到 100 多岁，很安详地离去。参加葬礼的亲戚没有人哭，可我一想到"100 年人生的重量""活到这个年纪，一定是经历了很多苦难吧"，就止不住地流眼泪。在场的人们脸上写着"至于哭成这样吗"的表情，一个个看着我一脸讶异。

姓名：聪美

　　总之我对各种小事都斤斤计较，无论过多久都会记得。上小学时，有个同学笑我说"聪美，你跑调了"，从此以后我就再也不敢在人前唱歌了。还有，有的人打招呼的时候没有直视我的脸，仅仅因为这个原因我就会开始琢磨对方是不是讨厌我？最近呢，有人超过一天没有回我邮件，我就会开始想我是不是写了什么让对方不高兴的内容，心里不安得要死。我讨厌自己做什么都会这样斤斤计较，不够洒脱。

姓名：裕子

　　几个人聚在一起时，我总是觉得自己没有融进那个场合。明明在场的人都很亲切、很善良。直到我和大家道别，一人独处时才能放松下来。最喜欢的就是在自己的房间看图集，读小说，这种时候我才能感觉到"自己的存在感"。我感觉幻想中的世界更加真实，我是不是有毛病啊？

解说：

　　诗织和由香理可以说是不安感很强烈的典型 HSP 人群。认真、责任心强，这些都是 HSP 的特征。他们认为"不能失败""无论如何也要赶上截止日期"，并为此而拼命努力，所以他们才会感到格外疲惫。

　　早于别人发现上司不高兴，这是因为她捕捉细微刺激的能力很强。而且，能够感受到对方的心情，这表明她的共情能力

11

很强。参加了陌生人的葬礼还流泪不止的由纪就是这样的。这种高度共情能力，也是容易被周围的气氛或他人的感情影响的HSP人群主要特征之一。

还有，像聪美那样，为别人漫不经心的一句话感到受伤，过了很久都不能释怀、放在心里一直烦恼下去，这种事在HSP人群身上很常见。还有很多HSP者不擅长说"NO"。这也是因为他们的共情能力强，过度在意对方的心情，担心说"NO"的时候对方会做出自己不能接受的反应。

这几个人身上有一个共同点，即更敏感的感觉系统。

因为太敏感，刻意将自己的感觉变得迟钝

　　我对心理咨询师心屋仁之助先生的很多想法都产生了共鸣。最近，他常用"飞翔的人"（飞翔一族）的词汇。那么是什么飞翔呢？是"意识"。也就是说，内心世界丰富的 HSP 者，他们的意识是面向内心的，因此会忽略对现实世界的意识。

　　当然，在严格的环境中成长的 HSP 者，也会对现实世界抱有很大的兴趣，他们对自己的内心则会比较迟钝。比如，"别人会怎么想我呢""别人会怎么看我呢"等自我意识会变强，很难看到现实。所以，HSP 人群常常会受非 HSP 的人的指责，说他们"看不到细微的事情"。所谓细微的事情并非只指整理、收拾等具体的事，而是人们的心情、社会需求等抽象内容。

　　精神科医生冈田尊司先生，在自己的著作《过度敏感、容易受伤的人们——HSP 的真相及如何去克服》中写道，别人说他"敏感、注意不到眼前的事情"（冈田老师他自己就因为他人不理解他的敏感，而受了不少苦）。

　　然而，非 HSP 人群将 HSP 人群视为"迟钝"，这并不是真相。敏感的人们，因为太敏感，有时反而刻意让自己变得迟钝。换句话说，有的 HSP 者会关掉针对现实的意识，让自己的感觉变得迟钝，因为不这样做，会难以忍受现实，他们会通过"放飞"自己的意识来忍受周围的刺激。也有一部分 HSP 者，从小就会无意识地躲进自己内心的意识世界，逃进幻想的世界中。若你总是指责他们"发什么呆啊""你这家伙太迟钝了吧"的话，就

表明你对他们还不够理解。事实刚好相反。

和HSP完全不同特征的，我们称之为HSS

这本书是帮助大家去理解因为太敏感细腻而过得比较痛苦的 HSP 人群。不过，我还想向大家介绍 HSS 人群，他们和 HSP 人群刚好相反。

第一个推出 HSS 概念的，是心理学家朱可曼（Marvin Zuckerman）。HSS 是 "High Sensation Seeking" 的简称，表示 "拼命去寻求刺激"。

他们喜欢变化带来的刺激、稀奇古怪的事，喜欢尝试激烈的刺激，为了得到这种体验不惜承担风险。HSS 特点和 HSP 刚好相反，不过他们这种特性也是属于遗传性的，是在大脑的作用下形成的。

HSS 人群虽然和 HSP 人群截然相反，不过实际上大约 30% 的 HSP 人群属于混合型。看外表像是属于外向活泼型、具有强烈的好奇心，然而，实际上受到刺激时却容易动摇，易感到疲惫，而这些恰恰就是 HSP 典型特征，也就是说，他们身上具有两种不同的特性。

比如，"在外面表现得很活泼，可是一回到家里，就变得十分安静""一个人的时候喜欢过与世隔绝的生活"等，他们很有可能属于 HSS 型 HSP 人群。

据研究，一个在安心、安全、丰富的环境里成长的 HSP 者，为了适应环境，学会生活技能，他们会在外表上呈现出 HSS 的特征，也就是说，他们为了在社会上活下去而采取了适应战略。

在恋爱的时候，会更容易分辨出 HSP 者。由于他们容易产生强烈共鸣、心情容易变化，所以更容易对人产生感情。当然，和 HSS 者旺盛的好奇心相比，那绝对是天壤之别。据朱可曼说，HSS 者的恋爱关系属于轻松享受型的，很多人过去曾有过多次恋爱经历。

的确，人们在刚开始谈恋爱时总能体验到一颗心怦怦直跳的感觉。所以爱追求刺激的 HSS 人群普遍有多次恋爱的体验，这也能理解。

只是，由于过分追求刺激，他们往往无法客观冷静地判断自己的状态，这一点有时候会被别有用心的人利用。如果你是一个一旦喜欢上谁就会完全顾不上周围一切的人，那么有必要多加注意。让值得信赖的人帮你客观冷静地判断你和对方，避免你被欺骗利用或被对方牵着鼻子走。

另外，因为过于敏感，你会受到过多的刺激，自律神经过度兴奋，从而患上自律神经失调症，容易感到身体不适。也容易因免疫系统的失调而对食物、化学物质产生过敏反应。

"敏感是敏感，但我还是偏外向型，所以不是 HSP"，不排除有些人属于 HSP 和 HSS 的混合型。借此机会，请你一定要仔细地根据自身特征判断出自己属于哪一种类型。

HSP 和 HSS 的分类（4种）

特征、气质等	HSP（＋）	HSP（－）
HSS（＋）	心情易变，容易兴奋。容易受外界刺激的影响，且喜新厌旧。追求新的体验，但不想受其他影响而动摇，也不想冒风险。	充满好奇心，干劲儿十足，爱冲动，甘愿冒风险，但容易失去兴趣。注意不到状况的细微变化，也对此不感兴趣。
HSS（－）	爱自省，喜欢安静的生活。不爱冲动，也不会冒风险。	好奇心不多，但也不属于自省型。不会去深究事物，对周遭的态度客观冷静。

HSP也会恶化，要远离负面环境

如果你接受了自己是HSP者，那么需要你做一件事，即先承认一直以来你无意识地重复的生活环境、思考习惯、人际关系中，其实存在恶性循环或负面方式，你要果断地彻底摆脱它们。

你跟有些人在一起时会感觉很累、越来越没劲儿，他们就知道否定别人，永远都在抱怨或说别人的坏话。想一想你是不是在和这样的人一起生活、一起共事呢？

你是否被人要求在规定时间内完成很多事情、完美地结束工作和家务事呢？给你带来负面能量的人、要求你做这做那的人都是需要尽快离开他们的。

你的家和职场中有没有充斥着各种噪声，比如愤怒、责骂的声音呢？你的房间或工作间是不是有很多人进进出出、来来往往呢？你是不是待在充满各种刺激性味道、化学物质、电磁波的室内或现场呢？有些污染肉眼看不见，但的确是存在的，这些环境你都要避开。

若你找不到一个人的时间，也找不到独处的空间；找不到一个有治愈系音乐、绘画、照片、动植物的空间；找不到一个有可轻松相处的伙伴陪伴的环境。这种无法令你放松的环境，你都需要尽快离开。

单方面下结论、看事情的角度总是很片面、不能客观评价——这些都是极端的思考方式或接受方式，你的亲朋好友、上司、同事中有没有这类人呢？你有没有正和这样的人相处呢？HSP者动不动就爱自责，要知道这是不可取的。要仔细观察对方，分析对方的言行举止。一旦你感觉对方思考问题容易走极端（认知扭曲），那么就不要靠近他。

小时候受伤的体验会产生影响

HSP 者可以从对方若无其事的表情或语气中敏感地捕捉到其感觉和情绪。如果这个是负面内容，那么 HSP 者就会强烈地感到"可怕""讨厌""恶心"等。因为 HSP 者中有很多人是善良诚实的，所以容易受人委托或被人利用、不知不觉间和对方走得近后，就会看到对方的丑陋之处，被卷进麻烦事中。

他们中不少人从小就有多次类似经历，而且过了很久都记得很清楚，因此，下意识会避免和人走得近。

他们很多人从小听着"你这孩子为什么和其他人不一样呢"这句话长大的，久而久之就产生了自卑心理、爱憎问题。比如无法立即回复信息（因为想到各种各样的可能性，无法轻易答复别人）、容易陷入极度的混乱状态、爱哭（因为太敏感，即便是细微的刺激也会影响到他们）等，这些特点很容易令大人觉得他们"很难养"。所以，他们就会经常听到父母说"不要为这么点小事就哭个不停""到底是什么事，说清楚""不要拖拖拉拉的"，等等。他们和朋友在一起时容易被人欺负，到了学校，老师又不太喜欢他们。因为 HSP 者中很多人在成长过程中有过类似经历，自然而然难以自我肯定。更何况，HSP 者本身就容易感受到不安、恐惧，因此，在青春期，"你太差劲了""你不行"的想法会像一种信念一样扎根在他们的脑海中。

这样一来，HSP 者就会变得越来越害怕和人走近。究其根源是因为他们怕受伤，需要保护自己。阿伦博士就 "HSP 者害怕和人亲密" 的原因列举了 8 种恐惧心理。

幼年时期的忍耐会一点一点积累，久而久之，就会变成遇到事情不去责怪他人，而是责怪自己，自我否定的心理也会慢慢滋长，这些都是他们形成 "可怕、恐惧" 心理的原因。没办法安心依赖他人，觉得还是和他人保持一定距离更安全。

8 种恐惧心理

1. 怕毫无保留地敞开心扉后遭到拒绝。
2. 怕遭到他人充满愤怒的攻击。
3. 怕遭到抛弃。
4. 怕失去控制。
5. 害怕攻击、破坏。
6. 害怕被卷进是非中。
7. 害怕承诺（伴随责任的约定）。
8. 害怕因为小事情而讨厌对方。

（摘自《写给对爱情轻易动摇的你》）

容易影响 HSP 者并使 HSP 症状加重的要素

生活环境	具有"对小刺激也容易做出反应""不擅长处理多项任务"等倾向的 HSP 者，如果在复杂的环境中工作或生活，会感到筋疲力尽。
心理习惯	任何人都会有心理习惯，只是很少去意识到它的存在，也难以改变它。不用去"改变习惯"，而是去增加"良好的习惯""使自己开心起来的习惯""变轻松的习惯"就好。
人际关系	职场的同事、家人、友人等周围的人际关系会给 HSP 者带来很大影响。为了守护自己的临界线，保持距离，也需要明确区别自己和他人的课题。

给我们的言行举止带来影响的"基模"

据说潜意识和表面意识（可以自我感觉到的意识）的比例是9∶1。下面的图就是表示这种关系的。对我们自我感觉产生很大影响的，其实是潜意识。

罩住了我们内心的光芒和创造性的，是从出生之前、自胎内至今的人生中被他人所输入的观念（信仰），我们称之为"基模"（Schema）。基模作为心理学用语来使用时，指的是"已经深深根植于自己内心的行为模式，以至于都无法去意识到它的存在"。基模被人们所知，始于美国心理学家杰弗里·E.杨（Jeffrey E.Young）博士提倡的"基模疗法"，将它作为认知行动疗法之一。

心（意识）的结构和治愈

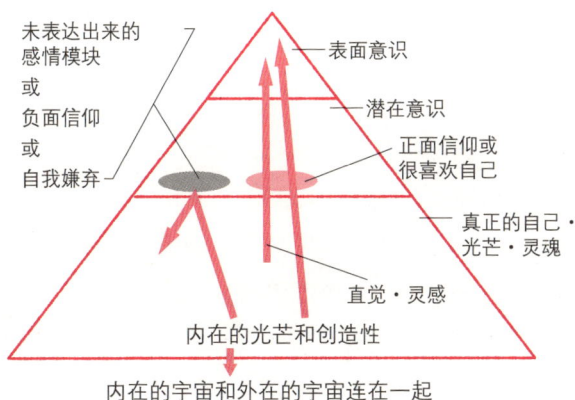

未表达出来的
感情模块
或
负面信仰
或
自我嫌弃

表面意识

潜在意识

正面信仰或
很喜欢自己

真正的自己·
光芒·灵魂

直觉·灵感

内在的光芒和创造性

内在的宇宙和外在的宇宙连在一起

年幼时被注入大脑的观念和行为模式会支配人的一生。每个人会通过其独有的基模，去解释身体所感知到的信息。

很多为自我肯定感低而烦恼的人，都拥有多个负面基模，这些都是来自父母的不安、恐惧等心理。

比如说，小时候，他们还不会很熟练地穿衣服、吃饭时，听到父母骂他们"连这点事都做不好"。此时，小孩子会无意识地收到信息，即"不可以失败""必须要按照父母说的去做"，这种认知也是父母身上所具备的基模。

人一旦具有很多"不可以做你自己"的负面基模，就会否定性地认识事物，压抑自己的情感，变成完美主义者，遇到事情容易责怪自己。父母身上的不安、恐惧，会给孩子输入自我否定等负面情感，降低孩子的自我肯定度。

杨博士将基模的概念引进了心理疗法，他从 5 个基模领域衍生出了 18 种基模。这 5 个基模领域分别指"断绝与拒绝""自立性与行动的损伤""制约的缺乏""跟从他人""过度警惕与抑制"。基于这 5 个基模领域，经过进一步细分，衍生出了 18 种负面基模。

比如，自我肯定度低的人身上常见的基模之一，是"被抛弃 / 不安定"基模。父母"希望被人爱、被人守护"的心理没有得到满足，父母就会认为"我被人抛弃了"，而他们的孩子在小时候就会无意识地接受父母的这种心理。

还有一种常见的是"依赖／无能"基模。成长过程中老听父母说"你做不到的""不可以做这么危险的事情"的人，就会接受他人的"我没有能力""以我的能力什么都做不成"的偏见而成长。

当然，孩子也会做出冒失的事情。作为监护人，有义务也有责任保护孩子不受伤害。但问题不只如此。有一种情况是，父母无意识地认为自己的孩子"是个软弱的人""无知、未成熟的存在"而担心，通过这个过程给孩子灌输了父母自己的主张，让孩子去重演。

胎儿、婴儿原本就应该被保护，远离那些有危险、有压力的环境，父母应该在满足他们身心欲求的同时，让他们在一种安心、安全的环境中成长。对于孩子，父母原本是最能信赖的存在。然而在小时候因父母的偏见而被不公平对待的孩子，会认为"他人会背叛我"。由此而形成过度的警惕心，无法和他人建立健全的相处关系。

领域	基模	内容
断绝与拒绝	被抛弃／不安定基模	遭到抛弃
	不信任／虐待基模	受到欺负，遭到拒绝
	情绪被剥夺基模	没有被人爱过、没有得到过他人的共鸣、没受到过保护
	欠缺／廉耻基模	天生具有缺陷的人
	社会上的孤立／疏远基模	遭到伙伴的排挤，感到孤独

领域	基模	内容
自立性与行动的损伤	依赖 / 无能基模	靠自己的力量做不成什么事
	对于损害、疾病易感脆弱的基模	对疾病、损伤、事故变得脆弱无力
	被卷进 / 未正常发育的自我基模	总爱跟从别人，必须要满足他人的期待
	失败基模	经常失败
制约的欠缺	权力要求 / 妄自菲薄基模	要什么就得到什么
	自制和自立的欠缺基模	没办法自制、忍耐、负责
跟从他者	服从基模	必须服从
	自我牺牲基模	必须做出牺牲
	评价和承认的索求基模	必须经常索求评价、承认
过度警惕与抑制	否定 / 悲观基模	事情经常按悲观预测变成现实
	感情抑制基模	不可有感情或表达感情
	严密的基准 / 过度批判基模	必须始终完美
	受罚基模	受罚

HSP不是"软弱"而是"气质"，不去克服也可以

有关HSP，我们已经做了很多说明。一直以来责怪自己"过分神经质""太软弱"的人，现在是不是觉得"或许这些都不是我的错"了呢？

HSP不是性格，而是一种气质。 性格是指在成长过程中根据环境所形成的想法、行为方面的习惯；气质是指与生俱来的神经方面的特征。

事实上，从形成神经系统的胎儿期开始，胎儿就会受到父母观念的影响而做出反应，另外还有遗传基因，这些都是来自环境的刺激，因此，我们很难区分和辨别性格和气质的不同点。

HSP者在他们与生俱来的大脑、心智的作用下，比非HSP人群更容易接受父母的观念。**这是父母和孩子在无意识中进行交流所产生的结果，并不是靠努力、毅力就能克服的，重要的是他们能否意识到这一点。**

你觉得活着很艰难，如果一定要追究责任，那么就应该怪罪"太迟钝"的社会。以非HSP为中心的社会，充斥着无节制的声音或光线、尖酸刻薄偏执的观念、无法感知的电磁波、化学物质等，原本就对感觉情报敏感的HSP者的神经被这些搞得筋疲力尽，这也是可以理解的。

但是也不能因为如此就对非HSP人群抱有敌意，主张"我

们这类人更优秀"。论数量，非 HSP 人群人数更多，而且 HSP 人群天生也不擅长"战争"。不是要跟非 HSP 人群争执，分出谁优谁劣，而是要了解两者之间的不同之处，互相尊重、互相融合、求得共存才是最重要的。

玫瑰和百合同样都是花，但玫瑰不会开出百合花。人也是一样的。HSP 者是类型不同的"世上唯一一朵花"，只需努力开出自己的花朵就可以了。

重要的是人都有自己的个性，有自己擅长和不擅长之处，不能以好坏来区分。你是"世上唯一一朵花"，不要想着去"克服" HSP，而是找到适合自己气质的生存方式。你是 HSP 者，那么只需找到恰当的办法去调整自己的感受度就好。不用采取战斗态势，建议切断来自周围的各种刺激，将注意力放在"现在"和"这里"。

通过做这些，找到你无意识中接受的偏执观念，并果断抛弃它。

一起来了解HSP者身上常见的"不良心理习惯"吧

　　每个人内心都有一面"镜子"。我们所看到的是映射在自己内心镜子上的现实。也就是说，即便我们面对的是相同的现实，每个人所感受到的都是不一样的。对于自己而言，现实只有一种，那就是我们所感受到的现实。

　　常见的"不良心理习惯"有4种，人们会根据不同时间和情况来区分表现。

不良的心理习惯

1. 夸大评价现实，容易偏向某一点的坏习惯。
2. 过小评价现实，自我满足的坏习惯。
3. 否定自我，悲观地考虑事物、继而放弃的坏习惯。
4. 将自己正当化，怨恨对方，进入被害妄想模式的坏习惯。

　　让我们回过头去看看自己面对现实时的不良心理习惯吧。通过自我分析，我们可以预测到自己将面对什么未来，并能及时纠正错误的轨道。

　　我们常说，自己梦想的未来，可以通过真实而具体的想象（比如住在什么样的房子里、过着什么样的生活），将其变成事实。这种方式，我们称之为"吸引力法则"。如果你所想象的内容因你的不良心理习惯而扭曲、被负面情感所遮蔽，那么未来的现实就是这种扭曲的形象。"根本没法想象我会有美好前景""一直以来我的人生就没有发生过什么好事，将来也一定不会有吧"，你如果只会如此悲观地想象自己的未来，那么必须好好审视自己有哪些不良的心理习惯。

在第 1 章，我们向大家讲述的是有关"过分敏感的人"，即 HSP 人群（包括 HSS）的基本知识。接下来第 2 章，我们将通过各种案例，讲述 HSP 人群在日常生活中经历的事情，介绍具体的应对措施或思考方式。请你结合自己的情况，进行阅读。

HSP 者身上常见的比较典型的思考模式

黑白思考	所有事情都按两个极端来考虑，"白或黑""YES 或 NO""0 或 100"。
过度地一般化	经验、证据还不充分的情况下，草草下结论。
心灵过滤器	面对任何事情，只会注意到不好的一面。
负面思考	事情顺利时认为只是"碰巧"而已，不顺利时认为"果不其然""我早知道不会顺利"。
逻辑跳跃	过度解读对方的心理。 对事物的看法很悲观。
夸大解释 过分缩小解释	面对失败、缺点、威胁等，想得过于严重； 面对成功、优点、机会，又过分消极对待。
以感情为理由	只根据自己的感情得出结论，而且坚信自己的想法是对的。
"应"式思考	什么都按"应该如何如何""必须如何如何"的模式去进行思考。
贴标签	只通过一件事物，就得出负面评价。
错误地自我责任化（个人化）	对于无法控制的结果，认为是个人的责任。

突然产生不安情绪，
真的很痛苦时

可以让情绪平静下来的轻拍法

轻拍或抚摸身体的穴位，可以调整体内的能量流淌。不安、紧张、心情低落、感到不擅长等负面情绪突然来袭时，都可以用这个方法恢复平静。

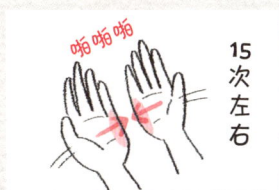

嗨嗨嗨　15次左右

①左右手合在一起，做"空手劈"。轻拍 15 次左右，将左右小指的侧面碰在一起。

②轻拍鼻子下方
用食指、中指、无名指 3 根手指，轻拍 15 次左右。

嗨嗨嗨　15次左右

15秒左右

③轻柔锁骨
轻柔锁骨下方，时间为 15 秒左右。

④食指指尖按摩
按摩食指指甲边缘靠大拇指的一侧，15 秒左右即可。

沙沙沙　15秒左右

第 **2** 章

这样就可以！消除身边不安因素的方法

1 面对做事一丝不苟的丈夫，总是感到罪恶感和自卑感

我老公做什么事都一丝不苟，先做好万全的准备再行动。而我，做事十分随性，总会落东西或出错。上次，我们去参加熟人的生日宴，我把红包落在家里了。后来在便利店买了包红包的信封，最终没有误事，但是我心里觉得抱歉，而且也感到沮丧。我老公什么都没说，但是看上去不太高兴。我每天都对老公抱有罪恶感和自卑感。

😊 承认你们的不同点，形成互补关系。

HSP 人群，由于自身的意识经常被吸引至内心，容易疏忽外部世界。有时候他们会从现在抽离自己或放飞过度敏感的意识，使自己变得有些迟钝。此时，非 HSP 人群就会对 HSP 人群说，"你好迟钝啊""发什么呆啊"，实际上他们是"因为太敏感，对周围的事物消耗太多精力，所以才会有意让自己变得迟钝些"，也就是说，他们所呈现出的表面现象和真正的事实刚好相反。

很多 HSP 者是充满母爱的治愈系类型。同时，他们身上的父性特征会弱化，致使他们感到负罪感、自卑感。即使真的犯了错，也没必要对于所有事情抱有自卑感。学会自我主张，告诉对方"我身上的个性和你不一样"。自我主张，并不是说要强行压制对方，而是"客观叙述自己的情况"，此时需要注意的是"先认可对方"（尊敬）。

比如，你可以这样对他说："你真的很厉害。我没有注意到的地方，你都帮我做到了。真的谢谢你。我对某些事物很敏感，可以站在和你不同的角度看问题。我和你不同，正因为不同，我们才需要互补。"

所谓夫妻，就是被对方与自己的不同之处所吸引而走到一起的，但是共同生活多年之后，总会不由自主地强求对方跟着自己的不良心理习惯去做事。但是，如果我们都能做到互补，那该多好啊。

2 我老公能说会道，我总是被他说服

我老公是搞销售的，能说会道。每次我们吵架时，被说服的那个永远都是我。和他说话时，我会忘掉我本来想说的，脑子里变得一片混乱。事后，一个人独处时，才会发现"其实我是这样想的"。老公总说"这是我们两个人一起决定的"，可我并没有说出自己"真正的意见"，对此，我感到不安。

☺ **找一个理解你的人介入你们之间，尝试着说出你的真实想法。**

HSP 人群中有的人善于理解对方的主张，但是对于自己想说的，却连其 1/10 都说不出来。这种"不擅长输出"的人很多。

敏感的人具有很强的创造性，对于对方的问题，能够瞬间想出很多答案。因此，很难立即锁定其中一个答案，这时候对方就会想"这个人到底在想什么呢""他怎么没有自己的主见啊"，等等。

这种时候，我建议你采用"三明治法"。具体有两种方式可以选择。你可以找一个"老虎"（第三者），自己变成"狐假虎威的狐狸"，让"老虎"站到你身后；或者你也可以让"老虎"站到你前面。这个时候的"第三者"，得是能为你弥补弱点、保护你的人。

另外，说出自己的真实想法，这一点很重要。在严格或者软弱的父母身边长大的人中间，不乏这一类不擅长说出真实想法的人。因为他们内心抱有不安，怕说出真实想法后"被抛弃""被攻击"。

但是现在，你已经是成年人了，说出真实想法才能够得到他人的帮助，说出真实想法的利一定是大于弊的。我知道你内心抱有恐惧不安，我能理解，但是希望你鼓起勇气，说出真相，对他说"说实话，和你聊天时我会感到不太舒服"。老公会吃惊，但是他对你的看法也会随之而改变。说完这些，如果还不能表达你的心情，那么建议你找一个第三者来介入和帮忙。

重点

我建议你用"三明治"法。

找一个保护你、弥补你弱点的第三者，

借助第三者的力量解决问题吧。

3 总觉得他在拿女超人般的婆婆和我做比较，感觉好有压力

　　我婆婆是能兼顾家庭和工作的女超人。而我，从小就是一个笨手笨脚的人，身为专职家庭主妇，我却并不擅长做饭打扫做家务。婆婆总说我"等育儿告一段落，出去工作就好了""年纪轻轻的，打扮这么朴素，一点都不可爱"。我虽然心里不高兴，但是不知道该说什么好。老公什么都不说，但是我总觉得"他内心在拿我和婆婆做比较"，一想到这里，我就很沮丧。

　😊 说出真实想法，切断束缚自己的链子，找回自由吧。

　　敏感的人们很不擅长的就是"做事干脆利索"。不擅长"执行"，不擅长做计划后实行、修改重做。包括父母在内，周围的人总说他们"做事慢""办事爱拖拖拉拉"。久而久之，他们自己都觉得自己"没用"，自然而然地失去自信，和人比较后更感觉沮丧。

　　人的心理存在一种不可思议的机制。其中之一，就是"重演"。小时候一旦被灌输了"我做事不够干脆利索"的想法，就会认为"反正别人都这么说，我大概就是这样的人吧"。越是这样想，现实中越会招致这种局面。要想消除这种现象，就需要解开锁住你自己的观念。

第一步，要意识到这把"锁"的存在。

第二步，你要决定切断它。比如，面对丈夫时，忍不住想"他其实是拿我和婆婆做比较吧"？这意味着你认为"自己就是一个怎么都会被人说成做事不够干脆利索的人"。现在，你不需要这么想了，你已经决定解开它了。

第三步，就是**要表达自己的真实想法**："我其实是个傻瓜，做事很慢。可即便这样，我也有活着的价值。"

"小时候的我，只能默默地接受。但是现在的我已经是个大人了，没必要再这样下去。"解开束缚自己的锁链（过去）。**扔掉负面想法，人会变得开朗。**

4 有个好奇、喜欢琢磨的邻居，怕被人说闲话，好担心

住在我们斜对门的邻居，每次见面都会和我说："去哪儿啊？""今天打扮得好漂亮啊。"我不擅长和他这样的人打交道，可又担心不理他会被说坏话，每次我都很无奈地应付他几句。前几天，他问我："你老公在哪个公司上班啊？你儿子上哪所学校啊？"我好担心我们家私事通过那个人的嘴扩散出去。

☺ **了解恐惧的背景，解放自己。**

伊莱恩·N.阿伦（Elaine N.Aron）是 HSP 研究领域的第一人。她曾说过 "HSP 害怕亲密的理由"，分析了 8 种恐惧心理（见21 页）。

这个案例，属于其中的"害怕毫无保留地敞开心扉后遭到拒绝""害怕遭到他人充满愤怒的攻击""害怕被抛弃"等情况。本来呢，通过坦露"真正的自己"而活着，能认识到"真实的自己"。然而，隐藏着"真正的自己"，让自己去迎合环境、场所，只会越来越迷失真正的自己。

这样下去，只会感觉未来前景十分黯淡，感觉自己的周围充满了危险。产生"被害者妄想"，否定人际关系，害怕周围侵犯自己。为什么不能活出真正的自己呢？因为他们在儿童时期经历过"说出真正想法后被人嫌弃了，我不想被人嫌弃"的过程，恐惧已经扎根于他们心中了。

前面我也讲过，了解自己的"真正想法"，即了解自己内心深处的愿望，将其表达出来的过程是很重要的。很多真实想法，都被对朋友的忌妒之心，对父母的愤怒、憎恨等负面想法和负面情感所封住。承认自己的"不良心理习惯"，就能够意识到不属于自己的东西，学会放下它们，从而让"真正的自己"挣脱内心的桎梏。

任何人心中都有"不良的心理习惯"。

找到被灌输进去的憎恨、怨恨、忌妒等情感，

学会丢弃它们，从而达到解放自己的目的吧。

不喜欢听人说"无拘无束多好啊"

　　工作至今，现在依然是单身。倒不是不想结婚，只是一直没有缘分遇到合适的人。一旦跟有家庭的人相处亲密，他们就会说我"无拘无束多好啊""育儿可是很辛苦的"。看似抱怨，其实在我看来更像是显摆。一想到自己在他们眼中可能是"悲惨寂寞的"，我就很沮丧，不想见任何人。

　　😊 找回"心理自由"，成为不被人心所束缚的自己。

　　至今都是单身，这并不是问题，"为何没法和他人变得亲密"这件事有必要好好想一想。人总会保护自己——"不好的事情要怪周围，不是我的错"，这么想是出于自我防御的本能，因此我们很难发现其实所有事情的开端都在于自身。

　　实际上，谁都不会说你的人生是"悲惨寂寞的人生"，但是你老去怀疑"别人是不是这么看我呢"，还把价值判断的标准放在外貌、收入等这些虚荣的东西上。要知道真正的价值在于"心理的自由"，可你不认为如此，这是因为你曾经被人灌输了"悲惨寂寞的人生"的观念。

　　那么，怎样才能获得"心理自由"呢？因为你被环境所束缚，所以最好的办法是果断改变生活环境。如果你身处一个虚荣、充满世故的环境，请你和这个环境保持一段距离。如果你的父母是这样的人，请你离开他们。夫妻也是一样的。离婚困难的话，可以选择分居、单身派遣等方式。

重点

人生真正宝贵的是"心理自由"。

犒劳自己的同时改变环境，

学会摆脱各种束缚吧。

说实话，我本人一直到 50 岁才发现自己受束缚的事实。当我意识到，并改变这个环境之后，才体会到了心理自由是多么美好的事情。

　　任何人在年轻的时候受苦时，会想"凭什么我就得这么痛苦呢"。但是这会不会是因为你被谁强制性地灌输了负面观念，并在它的控制下长大而导致的结果呢？我们来犒劳一下没有活出真正自我的自己，"辛苦活到现在的自己"，让自己摆脱束缚，获得自由吧。

6　看到同事们聚在一起，
　　就会担心"他们是不是在说我的坏话呢"

从小我就是一个认生的人，不擅长和别人聊天。现在我在超市打工，当我独自工作时，其他的人都混熟了。上次有几个人聚在一起聊天，我从他们旁边走过，谁也没有搭理我。从此之后，每次看到几个人聚在一起聊天，我就会不由自主地想"他们是不是在说我的坏话"，这种想法怎么都摆脱不了。

☺ 认清和确认现实，从而消除不安、恐惧心理。

"被害妄想症"是指站在一个被害人的视角去解释事实。现在这个阶段，"他们说我坏话"也许并不是事实，因为你还没有去确认。

问题是你为什么会有"被害妄想症"的症状呢？你的内心是不是经常有"像我这种人"的想法呢？"像我这种人"的后面往往会跟着"无聊的人""所以其他人说我坏话也是情有可原的"等想法。正是这种想法，使你看到同事们的言行举止后，忍不住陷入被害妄想症的泥潭——"他们是在说我坏话"。"像我这种人"这一想法并不是昨天或今天突然产生的。很多都是在 3 岁之前、最晚也是在 8 岁之前，他人对你说过的话、采取过的态度中，被灌输的——"你是这样的人"。父母无意中说的一句就像一把匕首插在你的心口，让你一直痛苦至今，这种例子并不少见。

当然，这种情况也有"镜子规则"的可能性，认为周围的模样映射出了自己的内心世界。比如，对于"说他人的坏话"这件事，你抱有嫌弃、罪恶感，那么一旦看到他人聚在一起谈话，就会认为他们在说人坏话，这就是我们所说的同族嫌弃规则。这种规则和"不可以做"的意识具有很强的关联性，也受"不可以做"这种想法的控制。

　　注意到了紧紧束缚着你的负面观念，那么先来解决眼前的痛苦吧。先去确认他们是不是真的在说你的坏话。要想消除眼前的不安、疑问、恐惧，重要的是认真地直面它。你可以靠近他们，侧耳倾听，观察他们的样子。如果可以，鼓起勇气和他们聊聊，哪怕只是打个招呼都可以。

啊！

他们只是在聊天！！

啊？我今天没带伞呢！

今天下午会下雨哦～

他们真的是在说你的坏话吗？

要想消除不安、疑问、恐惧心理，

就要认真地直面它，哪怕只有一瞬间也可以。

7 一听到店长的大嗓门我就紧张，害得我老出错

> 我对较大的声音很敏感，即使那个声音不是针对自己的，我也会心跳加速，有时候还会陷入混乱。最近，我打工的地方调来了新店长，他为人开朗亲切，但不管是对客人还是员工，总会大声说话。"这个店长好开朗啊！"大家都对他抱有好感，而我却没法集中精神工作，比以前犯错的次数明显增多了。

☺ **使用具体的技巧，塑造适合自己的环境吧。**

敏感的人，大都对高分贝声音敏感。你可以采用物理措施，比如用耳塞、耳机，或用手堵住一只耳朵。

接下来，想一想你为什么对高分贝声音敏感。会不会过去经历过什么事情，给你留下了心理阴影呢？一旦找到这个原因，那么就能不再没理由地责怪自己，也能消除"因为对声音敏感而出错，真是丢人"等负面想法。触碰伤口会很疼，这是当然的。腿疼就尽量避免走路，同样，对高分贝声音敏感就尽量去躲避触碰心灵伤口的高分贝声音，这种行为无可厚非。

接下来你要做的就是，面对高分贝声音，要增加你的"气场"。有多个方法，比如深呼吸、轻拍、大脑练习（Brain Gym）、深蹲等，你要从中找到一个适合自己的方法，让自己的大脑冷静下来。"没事的、一定会没事的""大声音很爽"等，说出这些话来鼓舞自己。旁边如果有其他人，你也可以在心里

制作保护膜的战略！！

重点

就像堆砌沙袋保护自己一样，

制作意识的屏障吧。

教你一个有用的魔咒——"没事的、一定会没事的"。

默念。找到几个对自己有效的魔咒，也是很有效的。

　　还有一种技巧是"堆砌屏障"。就像《龙珠》里面的"气"屏障那样，你可以想象自己被"气"屏障保护着。

　　若你感到十分痛苦时，最好的办法是果断地改变环境。但是很多时候，需要当时在那个场合做点什么。这种时候，比起"改变"环境，更有效的是"加强自己的气场"。如果你觉得自己身为"狐狸"，气场不够强大，那么还可以去找来"老虎"为自己增强气场。

8 因为前辈的话而受伤，担心 "会不会又挨说……"，整天都感到不安

我打工的地方有一个前辈，他为人亲切也很关照我这个后辈，帮我不少忙。我也很依赖他。不过有一次，我犯了错，他就说我了。当然错在于我，挨说也是应该的，但是前辈说我"依赖心理太强、觉悟不够"，这句话让我感觉我的人格都被否定了，就感到特别沮丧。从那之后，每次看到他，我就会感到紧张和不安，担心"他会不会又说我"，对他的态度也很尴尬别扭。

☺ **不安来自你自己的想法，认可对方的同时说出自己的想法吧。**

确实，前辈不应该说那句话。不过，你会不会也有过类似的经历呢？前辈的那句话很可能触碰到了你过去的伤口，所以你才会为一句话而受伤，心情低落。

过去的经历会闪回重现，引起不安、恐惧等心理。敏感的人们讲起这种感觉时会说"大脑停止不动""大脑变得一片空白"。有的人会感觉仿佛变成了别人一样。还有的人会瞬间僵在原地，表情、声音、身体、手脚等身上很多地方会变得僵硬、无法动弹。

是你自身的想法招致了这种不安心理。你要认识到自己有一个问题，即容易从过去的经历联想到不好的事情。

你可以请教前辈怎么做事，这无可厚非，但前辈借此机会否定你这个人是不对的。敏感的人自我肯定程度本来就比较低，

您说得都对。

但这一次

我还是要说 NO。

NO！

但是

重点

不安情绪都是负面想法所引起的。

要在尊重对方的同时，坚持自己的想法，

我们来找找第三种方法吧。

周围的人一般会认为他们"温柔""软弱""不会拒绝"。有的人会利用这一点欺负他们，或对他们进行性骚扰、权力骚扰等。所以你必须要改善这种关系。

要想做到这一点，遇到你不认可的一定要明确说出来、不能做的必须果断拒绝，你要成为对方"不喜欢的人"。此时，如果从正面强硬地回绝，会和对方发生冲突闹不愉快。你最好"先去夸对方"，比如"你好厉害""你说得对"。先告诉对方你尊敬对方，然后再说出你的见解，比如"我有事情想请教您"。根据不同场合，你也要明确拒绝对方。"这个人虽软弱，但是会明确说出自己的看法和见解"，你只要留给对方这个印象，就已经达到目的了。

9 并不是我的错，
   可动不动就道歉，说"对不起"

有一次在公司，大家发现了一个工作上的失误。大家都为自己辩解"不是我的责任"，可是我嘴笨，说话吞吞吐吐，听起来像是给自己找理由。结果，这件事儿就好像真的变成了我的错似的，而大家也似乎都是这么认为的。到了最后，连我自己都觉得"也许是我的错"，就说了"对不起"，向大家道歉了。我真的很讨厌自己这么笨拙、老实巴交的。

☺ **"我没有错"**，先站在这样一个视角去思考。

敏感的人犯了错误，就会想"是我错了"，把责任揽到自己身上，而且他们会轻易说"对不起"。这种人并不少见。

比如在很严重的家暴（DV）、职权骚扰等案子中，明明是被害人，他们却会说"是我不对，所以才会遇到这种情况"，这真的是太意外了。客观地去分析，就会知道这根本不是他们的错，然而，因为他们会过分夸大评价自己的小失败、小过失，就很容易否定自己，经常说"是我不对"——这就是"不良的心理习惯"。另外，有很多人是完美主义者，"是我不够完美"，只因为这一点就责怪自己。如果拿基模理论来讲，就属于"苛刻的标准""过分严重的批判"等。这也会给他们本人带来很大压力。

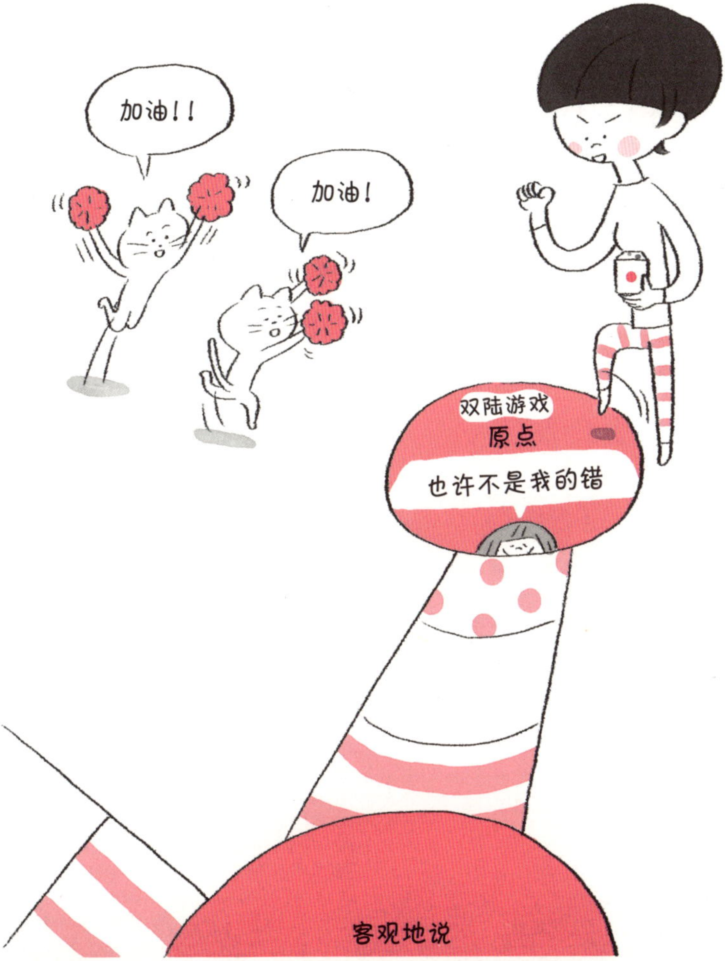

重点

先站到“也许错不在我”的立场，
客观地做出判断吧。

承认自己的过错固然重要，但是，会不会就是你的这种基模引发了失误呢？请先试着想"或许错不在我"，并仔细观察一下不良的心理习惯。因为不特意去做，你是绝对意识不到"别人也会犯错"这件事的，这样下去事情并不会有什么改变。

　　如果自己有错，当然要承认自己的错误。但是，一开始就站在"是我不对"的角度去看待事物，就不可能保护自己。而且，也无法找到事实的真相，这对公司而言也是不可取的。不要让自己从开始就处于不利的位置，我们一起来改变这种"认知扭曲"的不良心理习惯吧。

10 我是专门负责接待客户的，但是一想到要微笑，脸就会发僵

　　我的工作是接待客户，可我不太擅长接待。看到同事们一个个都很擅长接待客人，我就会感到沮丧。"不会说话没关系，你可以面带微笑听客户讲"，这是别人给我的忠告。然而，我心里想着要面带微笑，面部表情就会变得很不自然。都这个年纪了，还不会和人正常交流，真是太丢人了。作为一个成年女性，这样真的正常吗？

　　☺ **想做好，就会紧张。这种时候就用"扮演角色"的方法渡过难关吧。**

　　我能理解你的心情。我太太也常说我"板着脸"。我面带微笑，她又说我"表情扭曲"。

　　有的人一紧张，脸部反倒会松弛，看上去嬉皮笑脸不正经，对方就会责怪他们，"我在说严肃的事，你怎么能嬉皮笑脸呢！"这样的人也挺可怜的。

　　这些现象都是由紧张引起的。归根结底，是内心深处的负面想法所引起的，比如"做不好怎么办""绝对不能失败"。但是话说回来，我们是否真的有必要"做好"呢？

　　我们在前面学到了各种心理疗法，要想着"没必要做好。允许自己失败，这样才能多学东西，才会有提高"。请你也尝试着放弃"我必须要做好"的想法吧。

　　人的性格分"外向型"和"内向型"两种。接触外部世界

时变得更有精神的人是外向型，面对自己内心世界时变得更有精神的人是内向型。两种类型并无好坏之分。

　　不过，有的时候内向型的人也需要出席社交场合。我有个建议，这种时候可以采取"扮演角色"的方法。在自己内心设定一个适合那个场合的人物角色，提前在内心排练一下。赴约前，先切换模式，披上有魔法的斗篷，成为不一样的自己，这样你就无须抑制自己，可以顺利应对那个场合。

微笑

表面材质
微笑 100%
外向型人设
内衬材质
原来的自己 100%

重点

披上"有魔法的斗篷"，
换一个人物角色，
顺利应对那个场合。

11　每次见面都要听他吐槽抱怨，真的好累

　　最近，我的一位宝妈朋友和公婆同住在一个屋檐下。听说婆媳关系并不怎么好。每次见面，她都要吐槽抱怨自家婆婆。一开始我很同情她，也认真地听她唠叨，后来发现她每次说的都是同一个内容。我都听腻了，说实话不想再听了。虽然内心很烦，但我每次还是会很耐心地听她讲好久。两家的孩子还是好朋友，所以我不得不继续和她交往下去。

☺ **不要担心被嫌弃，对她说真话。**

　　人与人之间的关系，一旦形成，就很难改变。你是每次都说"我没有经验，不知道啊"，还是鼓起勇气痛痛快快说一次"哎呀，这事儿以后别再说了吧"？两者选其一吧。确实，这通常很难做出选择。

　　比如孩子被人欺负，有的父母会说："不要任人欺负，你要学会反抗他们啊！"可问题是孩子做不到这一点才被人欺负的啊。

　　孩子身边若有大人陪伴并对他们说"没事，有我在呢"，那么孩子就能勇敢地说出真实的想法。人们之所以不能够明确说"NO"，是因为内心有不安、恐惧。他们需要的是可以安心的环境、他人的理解、恰当的方法。

对不起，我今天有点儿头疼。

哈喽！

现在有空吗？

借口手册

重点

"借口"也能发挥效果！

以健康、日程为借口，

说出自己的真心话。

作为技巧来讲，最有效果的是找借口，比如"呃，今天肚子有点不舒服""哎呀，我正要去洗手间，下次再聊吧"。你可以以身体不舒服为借口，你也可以以日程安排为由，说"我跟人有约了"……你可以提前准备几个理由。尤其是身体，这个理由容易得到对方的体谅。

还有一种方法是"先告诉对方"。"咱们每次都聊好久，今天就聊10分钟吧""先说结论吧"等。也有人听到这种话会生气，但是别去理会他。若对方说"你要这么说，那我就不说了"，岂不是正合你意。

实际上，你每次听对方吐槽都会很累，严格来讲，身体不舒服是事实并非借口。我们的身体很诚实，它会如实地反映我们内心真正的想法。感觉自己身体的反应，传达给对方这很正常，你完全没必要因此而感到抱歉。你需要诚实对待自己的身体。

12 宝妈朋友互相串门，下一次要轮到我家了

我们几个宝妈关系比较好，都住在独栋住宅。我时常受邀带着孩子去串门。最近，她们跟我说过好几次，说"下次去你们家玩吧"，我不知道该怎么办。我们家不是高档住宅，房子也小。我也不擅长整理，家里经常是乱糟糟的，根本没法叫外人来玩。她们若看到我家的样子会怎么想呢？一想到这里我就很不安。

☺ **收拾房子，你的内心也会变得干净整洁。**

真正的问题并不是你住在普通的住宅，而是你不愿意让人看到你的弱点。问题的关键是"别人会怎么看我呢"。

待人不真诚、隐瞒你的真正模样，久而久之，在和他人相处时，你会习惯隐藏真心。要是真变成那样，比让他人看到杂乱房屋的问题还要严重。

有一个患有进食障碍的女病人，长得很标致，打扮时尚又精致，看起来十分完美。但是她的家里堆满了垃圾。因为她一直都隐瞒这个事实，周围的人谁都未曾想到她会住在这样一个垃圾屋里。当然了，她也不会邀请别人来家里做客。开始进行心理治疗以后，她意识到自己的内心有一个软弱的部分。从小到大，她在父母严格的教育下长大，不敢说出真实的想法，这样时间久了，她自己也不知道内心真实想法是什么。而打开这个硬壳的突破口就是整理房屋。她先表明"我家是这样子的"，然后请专家来帮忙，堆积在家里的杂乱物品都被专家处理掉了。她的家恢复了整洁，她的表情变得越来越明朗，常年戴在脸上的口罩也终于摘下来了。

"房子是反映自己内心状态的镜子。"房子脏乱，与其说是不擅长整理，不如说它呈现出"心灵没有得到满足""缺爱"等信息。他们用东西来填满内心的空白。打开门，邀请别人来串门，让新鲜的空气进入房间；也可以请擅长收拾的朋友来家里帮忙——这些举措都需要你鼓起勇气。

有你帮忙，
真是太好了！
谢谢你。

那就好！
这点事都不算是个事呢 ♫

重点

心乱时，房间也会乱糟糟的。

敞开心扉和大门，

鼓起勇气请别人来帮忙吧。

13 我的一个宝妈朋友心情起伏特别大，我整天都在受她的影响

我的宝妈朋友群里有一个人是我不喜欢的类型，她心情起伏特别大，性格很强势。她总在心情不好时说"你是不是胖了啊"等刻薄的话来攻击别人。我也很讨厌陪她逛街买东西。问题是我们两个人的女儿是好朋友，所以我不得不和她相处，但又总受她影响。一想到接送女儿，我就会感到压力好大，很郁闷。

☺ 和她拉开一段距离，保持友好客气的关系，同时把注意力放在女儿身上吧。

您的这位宝妈朋友，大概是不去考虑别人心情或他人处境的人。她可以面不改色地触犯对方的底线，侵入对方的领域。如果把两个人的关系比作两个圆，两个人互相不重叠时，就可以说这两个人是和和气气的"二二关系"，但是如果这两个人重叠在一起，那么两个变为一个，也就是磕磕碰碰的"二一关系"了。

也有情绪波动很大的人属于"界限型人格"。这类人的特点是因为怕被对方抛弃，十分依赖对方，总要牢牢地缠着对方，但是一遭到对方的否定，就会马上采取攻击性的态度。如果你周围有这种肆无忌惮地影响他人，或非常任性自私的人，那么最好鼓起勇气离开对方。你要和对方保持的不是"二一关系"，而是时而在一起时而分开，始终保持着平衡的关系，将两个人

保持平衡

重点

鼓起勇气离开是最好的。

与人交往，要从受对方影响的"二一关系"，

变为公平的"二二关系"。

的关系改变成"二二关系"。你不用从正面采取"我不想再和你交往"的态度,而是找一些委婉的理由,比如"父母身体不太好""我身体不好"等,用自身的、不得不这样做的原因(可博得对方同情的)来拒绝对方,这样做可以避免你们产生尖锐矛盾。

其实,我更担心的是您女儿。这位宝妈朋友的孩子当然也会受到这位宝妈的影响。如果你们两家的女儿真的很谈得来的话,那就另当别论,但是您女儿会不会也受到那位宝妈女儿的影响呢?两个女儿的关系会不会也类似于您和那位宝妈的关系呢?请您一定要仔细观察一下两个孩子的关系,如果跟两位大人是一样的,那么请你一定要认真考虑和那位宝妈的关系。

14 来自其他宝妈的邀请，感谢她们的好意，但是我内心好累

我特别怕见生人，身边有一个宝妈经常帮我解围。她性格开朗，而且对他人体贴热情，和她在一起很开心。但是有个问题，最近她动不动就约我一起吃午饭或陪她去参加各种兴趣班。很多时候我都会累得筋疲力尽。上次，我说"今天家里有点事没法陪你"，拒绝了她，看到她当时沮丧难过的表情，我心里也难受。我该怎么做才能和她保持愉快的交往呢？

☺ **当事情没办法用自己的意愿去控制时，可以让对方来拒绝。**

我最近刚好处在类似境地，所以我很理解你说的。这么多年，我一直都在接受各种工作委托，我不擅长拒绝别人，所以只要有人委托我就会接受，搞得自己忙得四脚朝天，特别累。

为什么我不能拒绝呢？对于这一点，我曾经做过仔细的研究和分析。是因为"我想取悦对方"。当我接受一份委托时，心想"截止日期是一个月以后，应该会有办法吧"，但因为我还接受了其他工作，各种工作的截止日期都重叠在一起，有时候真的没办法及时完成。明明知道事情最终会变成这样，可我还是无法拒绝别人的工作委托。我也会想"为什么要这样逼自己"，可是没用，因为我从不接受教训，导致恶性循环一直延续下去。这种做法简直就是在走漫画家手冢治虫先生的老路啊。

我身上 HSS 的特点十分明显。自己喜欢的事情，硬着头皮

也要做完。HSS 的内心踩刹车部分很弱，没办法抑制住好奇心和进取心，像不安、恐惧这种心情就容易被抛到脑后。有时候，医院行政部门的同事们实在是看不下去了，会替我拒绝一部分工作。如果你没有办法自控，那么可以请求他人来替你拒绝。比如你这个情况，可以寻求丈夫或孩子替你拒绝对方，"最近她好像有点累。我有点担心，请允许我替她拒绝吧"，这种方法还是可行的。

实在不能拒绝，那就不要抵抗了，"虽然会累，但是这或许是扩大自己世界的机会呢"，你就顺其自然吧。没错，你是硬着头皮逼自己参加了，但是你可以在内心想"无论怎么发展，也不会有更坏的事发生的"，那么心情就会稍微轻松些。

最近她有点忙忙也很累，我有点担心。这次的茶会就不参加了。

哎呀，是吗？那请代我问好吧，让她好好休息啊。

如果自己不能拒绝，

可以求他人替你拒绝，

或者"顺其自然"也是一个办法。

15 对方要求我"马上回复"，手机上的宝妈群真的很有压力

我手机上有宝妈群，"马上回复"是众所周知的一个规定。但是我不擅长用这种程序联络，也不愿意时不时地去翻看手机确认。当然了，回复也比较晚，总是向人家道歉。我也觉察到有的人对我不满，既然如此，还不如直接退群得了。可是退群的话，又得不到宝妈圈的信息，这也让人感到不安。

☺ **你可以把对方和你自己的课题分开对待，有勇气"被人嫌弃"。**

现代的人真的很难。这也是不少年轻人来找我谈的问题。我呢，每次都会把心理学家阿尔弗雷德·阿德勒提倡的"阿德勒的五个原则"告诉他们。

第一，"不干涉对方的课题，也不让对方干涉你的课题"。第二，"所谓自由就是被他人嫌弃"。第三，"主观是我们自己能改变的"。第四，"重要的不是别人给我们什么，而是如何去使用别人给的"。第五，"决定今后人生的，就是现在的自己"。

对于群里的消息，没有马上回复就会一直惦记它，干不了其他事——这属于对方的课题，并不是你的。你有你自己的课题。这时，你是要坦言"有压力，我要退群了"，还是看到彼此的课题，互相帮助、共同去解决呢？有时候我们需要有"被嫌弃的勇气"。

宝妈的性格

LINE

别人回复晚，就会焦虑等待

宝妈群

我的性格

LINE

不擅长这种联系方式

二者要分开来对待

HSP 人群动不动就陷入"是我的错"的模式。因为你自己这样认定，周围的人也会认为"那个人缺乏团队协调性""不马上回复，做事不讲究"。请你不要再这样认为了。"被人讨厌，没什么大不了""这是对方的问题""我没做错什么"，先自己肯定自己，认可自己的待人处事方法、气质、风格等。

就这样，把意识集中在自己身上时，你才能看到自己真正想做什么。

16 不能容忍自己迟到，与人约定见面真的很痛苦

　　和人约好见面时，我经常会担心，"万一地铁晚点了呢"。因为心里很不安，我通常会很早出门，至少要比约定时间早30分钟才放心。当然了，我从来不会迟到。但是，早到之后应该怎么去消磨这段早到的时间，也很让人头疼。有的人总是掐着点来，还有的人爱迟到，也不觉得怎么样，还笑嘻嘻的。我不想迟到，但是有点羡慕那些掐着点来也不会感到焦虑不安的人。

☺ **正视自己真正的想法，故意采取和它正相反的行动看看。**

　　我的患者里面也有这样的人。他们总会早点来，然后在外面耗时间，到了约定时间方才走进医院。他们一定是担心迟到，做事严谨体贴、考虑对方的感受。这种行为也呈现出他们做事有完美主义倾向，在不安感很强的人身上经常能看到这类倾向。

　　听了患者的话，我能了解到他们会提前做详细周到的准备。除了几点去哪里、怎么去等最基本的信息外，甚至恨不得把聊天内容都提前准备好。"即使是小细节都要事先预演，不然心里会很不安，谁知道未来会发生什么呢？"他们这样告诉我。实际上，发生的事情如果和准备好的内容稍微不一样，他们就没办法向前推进。这样的人，不会给别人添麻烦，但是像他们这样做什么都要追求完美的人，会很累。上面那位提问者最后还加了一句"有点羡慕别人"。我在想，或许这句话才是他的真实

想法。"掐着点到就可以了，我也想变成这样的人，但实际上我做不到"，这就是你的问题。"羡慕"这种情绪里面，其实包含着"不认可现在的自己"的意思。

要想改掉束缚自己、折磨自己的坏毛病（在这个例子中是对即将发生的事过度追求完美），你可以先试着做相反的事情。大多数人遇到这种情况只会说"没事、没事、别往心里去"，选择原谅你。你故意迟到看看，你也许会发现"什么嘛，原来根本不算个事啊"，这样心情会轻松很多，待人处事的方式也会变得更有变通性、更为灵活。

啊？
你怎么不生气
呢？原来没什
么大不了的啊。

对不起！
我迟到了！

没关系，
多大的事啊。

重点

故意迟到看看。

"什么嘛，原来没什么大不了的。"

这样你的心情会轻松很多。

17 在交通工具上，不能安心坐着

我不喜欢乘坐公共交通工具的原因是，看到有空位子就想坐，但是可能下一站会有老人、残疾人上车，我就没办法踏踏实实坐着了。每次到站我都会确认上车的乘客，心里想着"还好"或者"啊，该让座吧"。你会说那你可以一直站着啊，因为我血压低，在摇晃的车上站着很难受。

☺ **关注自己的身体发出的征兆。**

你现在是属于受外部刺激太多的状态。HSP 和 HSS 这两种类型最大的课题都是如何阻挡外界的刺激。你需要养成控制应对刺激的能力，也就是说，要有能力掌控神经兴奋的最佳程度，要想做到这一点，你需要得到专业人士的帮助。HSP 人群对刺激做出过度的反应，而 HSS 人群因为寻求过多的刺激，神经很容易过于兴奋。

上面的例子，属于来自视觉的刺激。在五感中，每个人优先使用的感觉都不同。HSP 的人比较常见的是同时使用"看""听""触"等多个感觉，因此感到疲倦是很正常的。

疲倦的征兆之一，是"打哈欠"。"腻了""累""困了"是大脑疲倦的三大征兆。而进取心强烈、总想努力的人，常常控制自己的意识，不让自己感到疲倦（掩饰疲倦感）。

另外，也有一种说法是，疲劳和疲劳的感觉是属于不同的现象。都说"肩膀酸、头痛是疲倦的征兆"，我们的身体会把疲倦

不去想别的，
不去想别的，
我可以堂堂正正地
坐着，没关系的。

重点

如果站着很辛苦，坐着完全 OK。

不忽视自己的身体，

方能珍惜自己。

当成疼痛来发出信号。如果你把自己的状态调节成无法感知疼痛、疲劳，就会导致无法及时感知到身体上的异样变化、生病等情况。每个人大脑疲惫的症状都不同，要去关注自己身体做出的反应。

不忽视自己的身体状况，才能珍惜自己。

18 想起过去乘坐拥挤的地铁时遇到过咸猪手，之后坐地铁就变得非常痛苦

我特别讨厌乘坐人多的地铁，每天都好辛苦。之所以变成这样，是因为我在学生时代有过多次遇到咸猪手的经历。当时不敢吭声，人太多也没办法逃离。后来，每天坐地铁我都很紧张，很痛苦。最近，我有意避开地铁人多的时间段，倒是不会遇到咸猪手，但乘坐地铁时依然紧张和疲惫。和家人聊过这件事，他们说我"想多了""过去的事要说到什么时候啊"，听到这些我感到更受伤了。

😊 **重要的是如何面对过去，要告诉自己说"已经没事了"。**

你绝对不是想多了。这是属于心理创伤反应。走进拥挤的地铁，等于是按下了开关，过去那一段痛苦经历（那个时候没能表达出来的恐惧）会闪回出现。患有 PTSD（创伤后应激障碍）的人，那些被埋在记忆深处的不好的经历，总会在遇到类似情况时重现在大脑中。这种状况并不少见。

PTSD 症状有 4 种。

睡不着、变得过度敏感等过于清醒型；回避痛苦的回避型；想起痛苦经历的侵入型；引发抑郁、负面思考的阴性型。

过于清醒型和阴性型以 7∶3 的比例出现，前者的案例明显多很多。

重要的是**"如何面对过去"**。你是要当咸猪手这种事很常见，不去在意，将它封存在记忆中呢，还是想着自己当年努力忍受

很不简单，正视自己的过去呢？一旦发现出现了 PTSD 症状，就要正视自己的记忆。

接着，你应该这样反击："那个时候太害怕，没有发出声音，只能默默地忍着，但是现在不同。我已经能够思考怎么做才能避免遇到咸猪手。我不会再遇到这种情况。我已经没事了。即使再遇到，也不会像以前那样泪水往肚子里咽。现在的我能够起来进行反击。"

你要这样重复说给自己听，那些过去的不快闪回就会慢慢地消失。

我已经没事了。

可以反击了呢。

不过现在我能坐地铁了。

当年真的好害怕啊。

是啊，已经没事了呢。

> **重点**
>
> 当你知道这是 PTSD 症状时，
>
> 重要的是如何面对过去。
>
> "已经没了"，你要这样说给自己听。

19 看到孩子哭泣，心里就很难受，忍不住想很多

外出时，一看到孩子哭泣的场面，我就会想他为什么在哭，心情也会受到影响，变得紧张不安。我介意周围人的视线，更担心孩子会不会因为我被父母骂得更凶，又担心这孩子是不是老这样哭……想很多，离开那个地方以后我也会控制不住地继续想。休息日外出，我都没办法尽情享受。

☺ **你需要的是在自己和他人之间画出分界线，不要被卷入他人领域。**

当我们自己有过类似的体验和记忆时，很容易对眼前的现象产生认同和共鸣。眼前的景象会引发我们想起过去的体验。有时，即使自己没有亲身体验，也能靠想象产生共鸣。和自己的喜欢或讨厌无关，对方的感情、想法会涌进我们的内心，使自己和对方一样变得沮丧、悲伤，这种现象就叫作"同理心过强"。

HSP 人群中经常看见这种同理心过强的人，这是因为自己和对方之间的分界线太模糊，无法明确区别自己和他人的领域。明明不是自己的问题，却会引起恐惧、不安、紧张等情绪。

若你每次都对不认识的孩子产生共鸣，会很累。你要明确地告诉自己："这个不是我的问题，还给你。"不这样做，你最后还是因为放心不下而去管对方，逼着自己去迎合对方。这样做是否真的能帮助对方呢？是否真的可以解决这个问题，并保

这个不是我的问题。

这个不关我的事。

分界线

重点

"这个不是我的问题"，

你要明确说给你自己听，

无须抱有罪恶感。

证你自己不被卷进去呢？是否真的除了你以外就没有人能解决呢？你要想好这些问题后，再采取行动。

世上，有一种人会面不改色地将他人拉进自己的烂摊子里，和这样的人交往，就会很麻烦。这种人很擅长一眼看穿对方是否容易受他影响。

发现你的情绪开始对其他人产生共鸣时，就要在心里告诉自己"这和我没关系""不可以""超出了我能做的范畴"，要和对方画出界限。如果实在不能离开对方，那么就用那句神奇的话——"××，你好厉害啊！"来夸对方。

20 别人做了让我讨厌的事也不敢说"不"，总一个人闷闷不乐

我有一个很大的烦恼，就是自己不开心，也不敢说出"不要这样做"的话。坐地铁时，有人拿着湿漉漉的伞和大行李碰到我，我心想"好烦"，但是会一直忍到下车。去打工时，上司是男的，经常跟我说一些性骚扰的话，我心里不开心，却每次都做出一副笑脸不让他难堪。看到同事可以正色对上司说："您这是性骚扰！"我就觉得自己很懦弱。

☺ **用知识、技术、觉悟来切断自我否定的锁链吧。**

遇到不愉快的事情时能够立即应对，压力一定能减小。越是敏感的人，越做不出反应，越会选择忍耐。

有一种办法，你可以先选择离开，在你和对方之间建立屏障，采取远离方式委婉地处理。不过，有时我们会遇到像权力骚扰、性骚扰这样的事，一时无法逃开。

因此我们要做出一些保护自己的事，以避免引发 PTSD。但是我们总会有类似"像我这种人"的自我否定的想法、爱钻牛角尖的负面想法，以及担心被抛弃的不安、怕他人攻击自己的恐惧。越是敏感的人，这种负面情感会越强烈，所以最终导致自己"绝对开不了那个口"。

要想消除恐惧，靠自己的力量很难，必须靠其他人的帮助来打破自己的外壳。

要想往前迈步，就得需要"知识""觉悟""技术"。首先，要明白这件事不是自己的错。其次，需要有觉悟"必须做到"。最后，掌握相关技术后执行，达到目的。

　　"束缚我的锁链太粗，根本没办法斩断"——请你不要这么想，不要轻言放弃。你需要的是知识、觉悟和技术。

21 批评孩子没教养，孩子居然说："我讨厌你！"

孩子做出没教养的行为，于是我就批评他，他反倒说："妈妈，我讨厌你！"以前他也有反抗我的时候，但是像这次明确说"讨厌"是第一次。过了一会儿，他又若无其事地过来，像往常一样跟我撒娇。可是我呢，脑海里还在想着刚刚那句"讨厌"，忍不住想"这孩子到底是怎么想的"，内心充满了不安。

☺ **"讨厌"是"喜欢"的信息。不过呢，认真观察孩子情绪背后的原因也是必要的。**

孩子的"讨厌"是"喜欢"的意思。孩子说"不喜欢""讨厌"，是"希望对方做什么"的表现。

做出没有教养的行为，应该是有理由的。"想做的是这个""想要那个"，孩子有孩子的理由，他希望大人问自己"怎么了"。

要想问出孩子内心的真实想法，我们需要三个阶段。首先，"为什么？"先听对方的想法。其次，"是什么样的感觉？"问问孩子现在的状态。最后，"你想做什么？"尽量要和孩子进行具体的对话，越具体，对话越容易进行下去。

我理解大人们此时一心想着"我要教育孩子从小养成良好的习惯"，但是劈头盖脸地强行要求孩子，那他们的自立心就无法形成。"这样做""不这样做不行"这些都不可取。我们不能硬性要求孩子，而是让孩子做他想做的事情。被强制要求，对

第一阶段

为什么？

第二阶段

心情怎么样？

第三阶段

你想做什么？

用两只手拿杯子是没关系的。

嗯！！

重点

"讨厌！"这是孩子发出的信息。

为什么？你的心情怎么样？你想做什么？

要了解孩子以上三个具体的，而且是肯定的信息。

方就想反抗。告诉孩子你想做什么就做什么，孩子有了这种自由时反而会乖乖做大人要求的事，人这种生物就是这么有趣。

所以，不要对孩子采取下指令、禁止、说教等方式进行教育，而是要告诉孩子，"这样做就会没事呢"，向孩子传达"眼睛看得到的、具体而肯定的形象"，最后，具体该怎么做交给孩子自己来判断就好。

22　妈妈干涉我的教育方式，我很痛苦，但是又不敢不从

我们夫妇和孩子三个人住在我娘家附近。从第一个孩子出生起，我妈妈就经常来我们家串门。她会帮各种忙，这一点我当然很感激她，但是她还会确认我的教育方式，随时"指导"我该怎么做。我不得不按照妈妈的方式去教育孩子，真的好痛苦啊。可要是我跟她说出真实想法，她肯定会说"知道了，那随便你"。

☺ **怀疑常识，比起自己"所没有"的，你需要更珍惜自己"所有"的。**

人们常说育儿是"按照自己被养育的方式来进行"的。对妈妈过去的教育方式，我是很讨厌的；可轮到自己时，就会以和母亲相同的方式去教育自己的孩子，这种情况并不少见。很多人都觉得不可思议，不过有时候我们会露出和平常的自己不同的一面，这是因为幼年时期母亲带给我们的恐惧心理一直留在我们内心深处。遇到类似情况时，我们内心深处的恐惧，以及当年的我们就会复苏，引发"痛苦""悲伤"等情绪。

我们会想起"那个时候，父母没有理解我"，当时的痛苦、悲伤的情绪会逐渐转变成愤怒，会不由自主地将愤怒的情绪发泄在孩子身上。当过去的母亲和现在的我们重叠在一起时，我们就会从被害人转变成加害人。这种过程，心理学称其为"重演"。

PTA

读给孩子听

烹饪

读书

唱歌

做扫除

重点

你不是"这也不会、那也不会"，

"那个我会，好开心"，

你需要关注自己身上的优点。

那么，遇到这种情况应该怎么办呢？

我们要去怀疑常识。"必须对父母尽孝""必须按照妈妈说的去做""育儿不可以失败"等观念都是刻印在你脑海中的常识，你要勇敢地向它提出质疑。你要去关注的不是"这也不会、那也不会"和"没有"的内容，而是"喜欢这个、擅长那个"和自己所"拥有"的。要慢慢地将自己的想法改变为"我有不足之处，但我也有属于我自己的东西，这样就可以了"。

没必要和妈妈发生正面冲突。你先真诚地向她道谢，同时内心也要抱有明确的想法。

23 孩子一哭，就像这事发生在我自己身上一样，感到很悲伤

孩子开始上幼儿园了，我很开心每天都能看到他的成长。只是，一看到他和其他小朋友吵架后哭泣的样子，我的心也会一紧，感到痛苦，这种痛苦还会表现在脸上，仿佛我自己被人欺负了似的，还会讨厌欺负我家孩子的小朋友……作为一个大人有这种反应实在是不怎么样，可是我很难做表情管理，也不懂该怎么去劝和。

☺ **你要记住，父母和孩子即使看起来很像，实际上是完全独立的人。**

这就是前面我们说过的"同理心过强"的例子，就是母子之间共有相同的感情、感觉的现象。家里有几个孩子，其中有特别合得来的孩子，父母就会不自觉地优待和偏爱那个孩子。这是为什么呢？因为这个孩子身上有父母所缺乏的元素。父母被自己身上没有的东西所吸引、同时讨厌自己身上有的。所谓相同相斥、相异相吸，就是指这种情况。

如果父母对孩子过度关心，将其和自己视为一体的话，就会不由自主地将孩子当成是自己的分身、自己的所有物，进行过分保护，或过度干涉，这是一种弊病。父母要意识到，"孩子是孩子，自己是自己。即使是父母与子女，但是各自都有不同的人格、灵魂、命运"。

是啊。

我们不一样哦。

重点

孩子是孩子，我是我。

不光是灵魂不同，

活着的意义、目标也都不同。

母亲因为记得孩子在自己肚子里的感觉，对孩子的关心是理所当然的。但是，孩子和父母，灵魂不同，活着的意义、目标都不同。父母将自己未做到的，自己受到的心灵伤痛、观念等强行施加给孩子是不对的。

尤其是孩子属于敏感类型时，父母越想知道孩子的想法，孩子越会看父母的脸色，也就越说不出自己的真实想法。妈妈认定自己"知道孩子的心情"，用"没错吧"这种语气去问孩子，孩子当然会回复"是啊，妈妈"。妈妈就会想"果然不出我所料"，还会对孩子所说的深信不疑。对于这样的父母，孩子只会藏起自己的内心想法。

孩子也不想辜负父母的期待，想做一个"诚实的好孩子"，这是孩子体贴温柔的一面。但孩子的另一面就是他会把自己的真实想法藏在内心深处。

24 我一直都很期待当好妈妈，可事实上并不如愿

　　早日当母亲，是我曾经的梦想。孩子出生时，我真的很幸福。但是现在想想，也许那是我最幸福的时候。在孩子出生之前，我就买齐了育儿书，做过各种演示，也做好了万全的准备。然而，我家孩子天生就是过敏体质，而且体弱多病，容易感冒。亲戚们也说"这孩子真是不容易养啊"，每次听到这句话，我都会很消沉，总在想"这是不是我的问题"。

☺ **不要去想如何得到你没有的东西，而是要记得"这个孩子才是重要的"。**

　　要想成功育儿，需要把焦点放在孩子的身心上。很多父母都没有认真关注孩子的身心健康，没倾听孩子行为背后的声音，只一味偏信育儿书，这并不是理想的育儿方式。

　　心理治疗的关键是知识、觉悟、技术，缺一不可，否则不会有理想的结果。

　　父母需要给予孩子安心、安全的环境。孩子不喜欢的，就可以说出不喜欢。大人倾听孩子说的话，不强求孩子，不束缚孩子，不打骂孩子，不去替孩子做主，不去管制孩子，也不去转嫁责任，等等。

　　父母用物质去满足孩子，事事都参与、管控的那是"溺爱"；而在乎孩子的情绪，在孩子有需求的时候才去帮忙，这才是健康的宠爱方式。父母给了孩子安全感后，双方才能真正实现"分离"。

　　回到原点，找回初心，你才能真正体会到育儿过程中的快乐。

完美

拜拜

育儿书

啪！！

重点

比起自己的心理需求，

首先要保证孩子能够安心和安全的环境。

请你放弃所谓的"理想的育儿"法吧。

25 和周围的宝妈朋友意见不同，我没有自信，总是在犹豫且容易受她们影响

　　我家孩子上的幼儿园里，有很多宝妈对教育十分热心，和我关系好的宝妈们的主要话题也是"升学考试"。我自己上的是公立学校，并不打算让孩子从小学就为了能上好学校、为升学考试被迫拼命去学。但是我说了这个想法以后，宝妈们就说我"心太大了""为孩子扩大选项，才是父母的责任"，等等。听她们这样说，我就会十分动摇，心想我是不是不合格的母亲。

　　☺ **重要的不是宝妈的意见，而是孩子的心情。不要把价值观强加给孩子。**

　　有很多父母会把自己的想法、观念强加给孩子。"妈妈没能好好学习，你一定要努力加油啊""妈妈都没机会学习这些技能，所以我一定要让你学到这些"，等等。可以让孩子尝试，不过问题是，孩子不喜欢或拒绝的时候，作为父母该如何去应对。父母是接受孩子的反抗呢，还是忽略孩子的意愿呢？这很重要，根据这个，孩子对父母的信赖度也会不同。

　　重点不是你把理想强加于孩子，而是有没有考虑过孩子的心情。孩子知道他自己喜欢和讨厌的是什么。越敏感的孩子就越清楚地知道这些。所以，先让孩子做出选择才是最重要的。

　　妈妈若属于 HSP 者，会因为太为孩子着想，容易偏执于"不能让孩子和我一样经历同样的失败""妈妈最了解你了，你最

105

升学考试

父母的责任

要不要和妈妈一起学游泳啊？

我最喜欢游泳了！

好还是这样做"，这就是妈妈的过度保护、过度干涉，这样会让孩子越来越难受，最终会反抗父母。"为什么孩子会对我如此反抗呢"，有这种想法的妈妈们，一定要回想一下自己小时候，是不是也曾经因为父母过度干涉而难受呢？

父母应该做的，是向孩子提供必要的信息，也可以和孩子一同体验。并且，让孩子自己决定自己做什么。这是育儿，而且是培养自己独立性的最基本步骤。

26 要开始照顾年迈的父母了，我没有经验，内心充满了不安

我父母年纪大了，需要有人照顾他们。专业看护人员曾告诉我，"在自己的能力范围内尽力去做就好了"。但是我完全没有看护的经验，也不知道什么是"我能力范围"或"所能做的"。我也怕被人认为"这种事情都不知道啊"，内心充满了不安。

☺ **起初谁都会不安。你可以从知识、觉悟、技术这三个步骤开始。**

有长期看护经验的人、专业人士和现在要开始看护的你之间存在差异，这是必然的。当我们面对一件事儿，在知识和觉悟、技术缺乏时，往往会因为不知道怎么办而选择放弃。所以，我们可以从掌握这 3 点要素开始。

首先，是知识，若没有相关知识储备，就无从着手。其次，我们需要觉悟，设定目标，决定前进的方向。最后，思考做这件事需要用到什么样的技术。

这个并不仅限于看护。育儿、工作等事情都是这样的。获得什么样的结果，很大程度上取决于我们的准备程度。经过实践、试错，慢慢积累经验，在这个过程中，我们才会了解自己的天赋、能力，也会了解对方的需要。

有不少人遇到这种情况，不会自己一个人独自扛下所有困难，而是利用福利制度来完成看护工作。如果你是一个很敏感

喂，你好。我有事情想跟你商量。

咕噜噜

看护

理想

重点

不要一个人扛下所有困难。

被讨厌，又有什么关系呢？

放下不切实际的理想，向他人求助吧。

的"老好人"，就会对自己没有自信，也不能信任他人，而且还是个完美主义者、责任心也过强。或许你也会因为不愿意给别人添麻烦，不愿意被人认为什么都不会，就不向他人求助，自己一个人硬扛。

"我必须是这样的"，这是你的理想。请你放下这种不切实际的理想，你可以借此机会，以弱项为由，向他人伸出求助的手。

27 父亲、兄弟说什么都照单全收，一个人承担看护的任务

我的父亲是高龄老人，大部分时间都是我在家照看他。父亲很讨厌去每日看护服务点，总说"想在家"。每次听到父亲这么说，我就忍不住说"好吧"，答应他留在家。实际上，照顾他三餐、如厕都需要花很大精力和时间。繁重的家务和照顾父亲的责任压在我身上，使我身心都得不到充分的休息。一开始我和兄弟姐妹还是轮番照顾的，可是现在只有我一个人在做。就因为我是家庭主妇。这种日子到底要持续多久呢？一想到这个就很头疼。

☺ 从被周围影响的"他人轴"，切换到优先考虑自己的"自己轴"吧。

HSP 者体贴入微，对他人的情绪很敏感，很常见的就是为家人牺牲自己。父母、孩子、朋友等对善解人意的 HSP 者也是抱有很大期望的。而 HSP 者呢，也能理解他们的心情，产生共鸣。不过即使这样，也没有必要为了他们，牺牲自己的家庭、自己的人生。

即使同一件事情，也要区分你是被动去做还是主动去做，做完后的疲劳程度也会完全不同。即使你心里很积极乐观，但你的身体是很难欺骗的。久而久之，疲劳一定会累积下来。所以，不可忽视身体的变化、心灵的状态。

来吧，开始！

自己轴

迎合周围的价值观做事，即为"他人轴"。

按照自己的价值观做事，即为"自己轴"。

要按照"自己轴"来活下去，这就是人生的课题。

当你意识到身体发出了"痛苦""难受"等信息，这是表明你现在处于过多地受别人影响的状态，也过于介意别人对你的期待和要求。

他人优先胜过自己优先的是"他人轴"；比起他人，自己优先的是"自己轴"。如果我们以"自己轴"生活，就能够守住自己的原则、自己的节奏，能够免于自己过度疲劳。当然，尊重"他人轴"，也是有必要的，但我们仍然需要有"自己轴"，如果没有"自己轴"，很容易努力过度，也难以获得满足感。确立"自己轴"，这是我们每个人都要面对的人生课题，非常重要。

如果你现在很难立即改变现状，那么先尝试在心里面想"自己是自己、父母是父母"，一定要给自己时间离开父母，哪怕只是短暂的时间。然后，等他人向你求助了你再去帮忙，要有意识地去尊重自己的主体性和他人的主体性。再然后，请你不要犹豫借助第三方的力量。通过这些步骤，慢慢改变你的心态（觉悟），最终你会变得轻松很多。

28 我母亲就会折磨我一个人

我们三个是兄弟姐妹，我们在轮番看护得了阿尔茨海默病的母亲。开始的时候我们说好"不能给一个人添负担，尽量三个人公平分担"，然而，因为我是家庭主妇，很多事情都推到了我身上。一开始我没太在意，但是，久而久之，大家都认为这事我"就应该做"，母亲也是只对我一个人说不满、提要求。谁也不知道我有多辛苦，这让我真的很难受。

☺ HSP 者总是不愿意辜负周围人的期待。请不要遇到问题自己一个人烦恼，该舍弃的还是要舍弃。

第 27 个案例中我也提到过，很多 HSP 者善解人意，能敏感地捕捉他人的情绪，从小就是个"优等生"，为了不辜负父母的期待而努力。

她们从小按照父母的要求去做，不敢说出自己的真实想法，结婚后又要满足丈夫的要求独自承担育儿的辛苦，当这些总算都告一段落时，这回又要做父母的看护。看到这样的人，我总是不由自主地会想"她到底什么时候才为自己而活呢"，其实这是因为自我否定、负面想法导致的。我的诊所还有五十几岁、六十几岁的女性患者来访，告诉我"和父母同居，现在都不敢对父母说'NO'呢"。

如果周围的人都感谢你，那还好。但通常没有人能理解你的痛苦。对朋友们吐槽，他们就会劝你"就当是一次考验，咬

每周一次去
瑜伽教室

重启自己♬

重点

压力就用有魔力的语言来消除，
干脆放下来，理性地做事。
不要一个人闷闷不乐地苦恼下去。

牙忍受吧",还让你"对母亲说一声'谢谢'如何"。"说什么呢,我可说不出来",你会这样回复朋友。其实光是嘴上说说也可以,你不妨说说看"谢谢""好棒啊"。用感谢、尊敬等情绪来消除心中的不满、压力,并且接受你需要看护父母的事情本身,冷静地做下去,除此之外,还真没有办法。要知道某件事情会不会成为你的压力,这取决于你怎么接受、看待这件事情。

另外,你是有了压力就及时消除的人呢,还是放在心里让它累积下来、越堆越多的人呢?常年堆积在心中的压力,有时只因对方一个致歉、感谢的话顿时烟消云散的情况也是存在的。

在做很艰难的事情时,要用有魔力的语言来消除压力,不要一个人烦恼。接着就是要冷静地做下去。

29 父母高龄，我想尽我所能孝顺他们，可是老公总是板着脸

父母高龄，而且不跟我们在一起生活，我很担心他们。我们家就我一个女儿，我想尽我所能为他们做些事情。平时，我会花单程两个小时去看望父母。老公说"你是不是太努力了""你要是累坏怎么办"，他并不支持我。最近在家里一提父母，老公就沉默不语。父母介意我老公的态度，说"不用再来看我们"，我夹在父母和老公之间进退两难。

☺ **自我牺牲总是有限度的。也要考虑适当地交给别人，找人来帮自己。**

以前有一个女士和你很像。她很爱她的母亲，拼尽全力照顾母亲，但是回到家就已经累得筋疲力尽，什么都做不了。不能做家务，这倒不是问题，老公看到她把所有精力都放在母亲的看护上，就劝她"不用做到这份儿上"。

她一开始回答说"我不做，谁来做呢"，她有兄弟姐妹，但是看护这件事没办法求他们，于是就自己一个人负责。后来她病了，实在没办法继续，于是她的兄弟姐妹就来看护了。

从小就压抑真正的自己，为了父母、配合父母来活的人，身上不知不觉会生成不安全感和完美主义、过度的责任心、必须如何如何等想法，很难把事情交给别人来做。

117

一直都一个人努力真不简单啊，辛苦了！

跟你商量后，稍微轻松了点。

重点

要想帮助别人，先从自己做起。

利用社会服务，

找专家商量吧。

敏感的人因为体贴、善解人意，看到似乎没有自己细心的人，就很难把事情交给对方来做。而自己则过度努力，所做的事远远超过别人对自己的期待和要求。最后自然会变得筋疲力尽。

"我已经到了极限，接下来就拜托你了。"他们要是能说出这句话该多好啊，但很难开口说出来。于是，他们把自己逼到绝路。这个案例的解决办法就是要把自己的弱项拿给别人看，交给别人来做，应该利用福利机构的服务，找专业人士来商量。

想帮助别人，就应该先帮助自己。对父母也要说出"我太累了，没办法照顾你们，所以有时候我也需要休息"这些话。

30 我总是忍不住担心隔壁邻居家的老婆婆和她家人，真的不能控制自己

　　我们邻居家有一个高龄的老婆婆和一对夫妻、两个十几岁的孩子。老婆婆很热情，总是和我打招呼。但是其余的几个人冷冰冰的，也不爱说话。听到这家人对老婆婆说话语气过分时，我就会担心"老人家是不是受到了欺负"，也跟着紧张起来。而我现在忍不住老去关注这家邻居。

　　☺ **不信任、恐惧容易招来不和之音。敞开心扉，但同时也要划分界限。**

　　这句话我之前也说过。夸大评价事实，"会不会变成这样子呢"，这种内心被不安所抓住的精神状态，我们称其为"被害妄想症"。不可思议的是，有很强的被害妄想症的人，总能招来他所想象的结果，我们称其为迫害诱发性原理。

　　发生过这样一件事。那个人从小就经常遇到不好的事情，久而久之就对人不再有信任感。面对人际交往或亲近一个人时，他都是十分慎重的，因此他的社交圈也很窄。尽管如此，他有时还是会遇人不淑，不断地经历那些不好的事情。

　　不信任感、恐惧心理越强的人，越会吸引自己想远离的东西，这是所谓的"吸引力法则"。这种事在敏感的人身上时常发生，因此不少人会觉得"我就是这种命"，有点自暴自弃的意思。

重点

　不信任感、恐惧心理等
吸引你想远离的东西。
你要把眼光投向安全且愉快的事情上。

你越想"隔壁老婆婆是不是很孤单啊"，你就会越努力去想这种场景。实际上，不会发生这种事情。明明是你自己过分关注这种事情，若任凭这种想法继续发展，只会增加你被害妄想症的程度。你心里越不想去关注，就越会去关注。"介意""关注"的反义词是"释怀""无视""从自己的意识中赶出去"等，我们要把视线投向安全而快乐的事情上，不要一味地去关注不安、恐惧等事情。

两只手摩擦法

我要介绍的是一边摩擦两只手，一边把全部的负面心情说出口的方法。这个方法是基于藤谷泰充先生的"很多意识清洁"方法而开发出来的。两只手叠放在一起，想象着手掌内侧是小版的自己，前后移动掌心进行摩擦。

现在开始我们来做一下意识清洁吧。

①右手放在左手上面。
②宣告"现在开始做一下意识清洁了""要说很多次哦"等。

③两只手边摩擦，边念叨"不安、不安……""不甘心啊、不甘心……"等，把负面心情说出来。
④脑海里想象着把负面心情赶出头部、胸、腹部，待全部吐出后，最后说句"谢谢"结束。

第 **3** 章

学会如何搭建"自己轴"，
彻底向不安道别

为了减少"不安"我们能做什么

　　HSP 人群始终都抱着不安、恐惧等情绪生活。HSP 特点是他们与生俱来的，在成长过程中、在和周围人交往时会接收到一些观念，这些会遮挡"本来的自己"发出的光芒。

　　在第 2 章中，我们呈现了日常生活中存在的各种不安、恐惧，并说明了该如何去应对、该抱着什么样的想法去面对。不过最好能够减少"不安、恐惧本身"，才是最根本的解决办法。我们要做到，发生一点超乎计划的事情，也不要陷入不安、恐慌中，能够想"没关系"。这才是我们的目标。

　　有人会说"我们真的能做到吗"，可以的，能够做到。在第 3 章，我们一起来看一看如何去建立"自己轴"，主动和 HSP 人群一直以来都抱有的"不安"告别。

HSP人群的心灵分界线很模糊吗

　　HSP 人群有很敏锐的神经回路以及丰富的感受性，他们能从对方的表情、声音中十分微妙的变化捕捉到对方的心情，还能够敏感地察觉到所处场合的气氛。他们有强烈的道德感。与生俱来的敏感和发自内心的善解人意、体贴起到了相辅相成的效果，使他们自然地贴近他人的内心，体贴入微地照顾他人。

　　这种可以捕捉到他人的感情、感觉的特点，我们称其为"共感性"。共感性很强，这是 HSP 人群的特点之一，也是一个很大的魅力。

　　另外，因为有如此强烈的共感性，也很容易被负面情感所吸引，很容易被周围人的感情、感觉所影响。

　　于是，有的人会过分配合周围人的意见、态度。我以前的病人中有 HSP 者，他们中有的人表示"对方的心情像洪水猛兽一般流入我的内心""就像从上往下流的湍急水流一样，闯入我的内心"。对方的心情无意识间闯入我的内心，根本无法防备和阻挡。一旦被闯入之后，我的内心就会充满有关对方的想法和各种意识等。

　　共感性，会对对方的感情、感觉、想法产生共鸣，但是不会同一化。要用分界线来区分自己和他人，同时也对他人产生共鸣。

而此时，同理心太强的人就会越过自己的分界线，把自己和他人的体验视为一体。这和共感性完全是两码事。

　　那么，为什么有的人同理心太强呢？

　　大脑额叶皮层内侧和颞叶皮层内侧布满了镜像神经元，它可以让人们区分自己和他人。如果这个功能受阻，人就会认为自己这个行为是在受人指使，或被命令的情况下做出来的。

　　我们都会遵守自己和他人之间那道看不见的分界线来做事。分界线，是用来区分自己和他人的，"自己是自己、他人是他人"。因为有分界线，我们才能确保不让他人的想法过度进入我们内心。就这样，我们在无意识中保护着自己。

　　然而 HSP 人群的特点之一，就是他人和自己之间的分界线非常模糊。所以一方面，对他人的心灵变化能做出敏感反应；另一方面，也造成了他们的"同理心过强"，很容易让他人的想法闯入自己内心。

他们的分界线究竟为何这么模糊呢

刚出生的婴儿，没有分界线。婴儿能够发自本能地感觉到自己和妈妈是一心同体的关系，和给自己喂奶、换尿不湿的妈妈之间是不存在分界线的。

宝宝到了2岁半左右时，内心会开始形成一种意识，即"妈妈和我是不同的两个人"。这就是"自我的觉醒"。之后，在经历各种事情的过程中，自我会慢慢成长，同时也会形成区分自己和他人的分界线。

然而，有一种人，因为天生神经发育比较弱或在无法自我主张的环境中待过，导致他们关闭了心扉等，没能充分形成分界线。而在HSP人群中，经常能够看到这种案例。

为保护自己而生成自我的过程中不可或缺的是，包括负面在内散发自己所有感情、感觉，将自己的意愿转达给别人等几种体验。然而，因为身体和心理的创伤，感情或感觉的输入、表情或动作的输出被阻断，就很难培养自我、构筑分界线。

分界线是用来区分自己和他人，保护自己的，是成长过程中不可或缺的。

将自己和他人视为同一的镜像神经元发挥作用时，同理心、同一化会变成可能，负责想象的左右大脑发挥作用时，才能区分出自己和他人。也就是说，我们能够将自己看到的他人和他人所看到的自己区分开来。这是一个人成长所必需的。

　　倒不是说所有HSP者都不具备和他人之间的分界线，都有同理心过强的问题。然而，HSP者的确是因为感觉过分敏感、不安，恐怖感较强等原因，幼年时期容易经历身体、心理上的创伤，对负责想象的左右大脑的顺利发育产生影响，很难在自己和他人之间画出分界线。

了解、觉悟、行动，用这三个元素改变人生吧

HSP 是与生俱来的天赋，没有必要改变。但，一个人这一辈子都没有自我肯定感、没办法自我主张，这样是很痛苦的。而我的课题就是如何将 HSP 者独有的痛苦消除掉。

在给很多 HSP 者诊察、做咨询的过程中，我获得了很多启发，对课题的解决很有帮助。整理和汇总了那些启发而得到的答案，便是"了解""觉悟""行动"。这些也是在心理疗法中使用的最基本方法。

步骤 1 了解

了解 HSP，了解自己什么样的感觉最有优势、最重要的是要发展出自己哪些特性、父母与子女的情感关系是否稳定、精神状态和身体状态如何等，要了解和掌握自身的特性。

步骤 2 觉悟

待你掌握了 HSP 的特点后，接着就要接受它。不要用喜欢与讨厌、好与坏来做出"判断"，而是不去否定自己的现状、自己真实的状态，全盘接受——"现在是这样的我"。然后，做出决定"从今往后可以由自己来决定、度过自己的人生"。有了这样的觉悟，才能塑造出你自己的未来人生。

步骤 3 行动

待你的大脑（知识）和心（觉悟）做好准备，最后就需要采取行动。为了保护自己，学习具体的相关技术、方法，并执行。

最重要的是，采取行动，从根本上改变人生方式。掌握丰富的知识，做好觉悟采取行动，肯定能开拓出通往美好未来的道路。

行动时，不可或缺的是明确画出自己和他人的分界线。而且，还需要在优先他人的感情、想法的"他人轴"和优先自己的感情、想法的"自己轴"之间保持良好的平衡状态。

要把自己的心情交给其他人

负面感情，会在无意识中一点点积累，并且在发生事情的时候，以愤怒的形式爆发，为难自己和周围的人。面对负面的记忆、感情并非易事，不过只要有可以安心爆发的合适对象、合适场所就没问题。

自我肯定感低的人，容易认为"我没有这样的机会，也不会遇到这样的人，怎么可能有呢"。但是一旦这样下定论，关闭心扉，就没办法散发或引入了。

我们要做到敞开自己的心扉。当然，敞开的对象不是说随便谁都可以。那个对象最好是和你一样、对你的心情产生共鸣的 HSP 者，他最好具备 HSP 的知识、对心理问题具有一定的知识和技术、有经验。在网络上搜一搜，或者通过人脉关系去找吧。只要你真心想找，一定能够找到。

一旦找到了合适的人，那么就邀请对方一起喝茶，制造一个聊天的机会。鼓起勇气，找对方商量，问："我有这样的思考习惯，很烦恼，你有没有经历过这种事呢？"

或许对方也很忙；或许你没有自信能够好好聊；或许你心里有不安，怕"没准我会哭出来""我要是失去平静怎么办"。这种时候，你可以先给对方写信。试试拜托对方，"我有一个一直独自烦恼的问题，但是最近想放下来，继续向前。你能不能帮帮我，或者只是听听我说也可以"。

　　当然，方法有很多。根据自己、对方的立场或性格、状况，你可以选择合适的方法发出求助信号。

　　把你一直冷冻保存在过去的记忆拿出来解冻，其中应该有一部分是那个时候必要、但现在已没用的，把那些拿出来的过程也属于正规的自我治疗。

说一句"是吗"，接受太敏感的自己

假如你的心灵受过很严重的伤，有时候它就会不受时间、场所的限制，突然会引发负面的感情、感觉，让你十分痛苦。有时候还会出现恐慌状态，同时伴有身体上的疼痛……有的人还会从内心爆发出很强的愤怒。

之所以有这种事情发生，是因为你一直忽略了自己的负面感情、感觉，放任不管，没有采取相应措施去处理。盖上了盖子，将感情、感觉全都封在盒子里，这种状态如果继续持续，身体就会出现各种症状——疼痛、愤怒……这也是一种信号，告诉自己正处于一种不自然的状态，并没有保持最真实的自己。

当然不能继续放任下去。不要忽略或者抑制疼痛、愤怒，先要意识到这些是你自身发出的信号。承认自己受伤，接受自己。安慰自己说"是啊，你已经很努力了"。

进行想象力训练，"区分自己和对方"

为了在他人和自己之间画出清楚的分界线，我们来做一做想象力训练吧。

要加深对分界线的理解，请你牢牢记住下面的内容。

"分界线是用来区分自己和他人的课题的。这虽然是利己，但是在活下去的过程中必不可少。"

"我是'带着某种目的而产生的利他性存在'，但不可与'我被称为牺牲品'混为一谈，这两者根本不是一码事。"

明确理解分界线的含义和必要性、找到"自己轴"和"他人轴"的平衡后，接受"最真实的自己"，包括自己身上不好的部分，并且对自己说"是啊，你很痛苦吧""保持现在这个状态就好"，肯定自己的一切，"你是在努力哦""你很棒"，自己安慰自己、尊敬自己。然后，"没关系"，对自己体贴地说一句，让自己安心。

HSP者，面对各种人的时候都需要保护自己。社会上，有的人是专门针对HSP者的，他们有意去伤害HSP者；有的人专门挑正直、容易上当受骗的、不擅长自我主张的人作为欺负的对象；有的人想从善良的人身上抢走宝贵的东西；还有的人看到责任心强、诚恳待人的人，就会像寄生虫一样依赖对方。面对这些人，HSP者一定要学会保护自己。

HSP者想象力丰富、感觉也丰富，能够想象出很强的分界线。要利用这一点，遇到一个想吸走你能量的对象时，果断切断和对方的联系，在自己和对方之间构筑屏障（防护墙），通过这种方式将坏东西排除在外。

重新审视饮食生活

我自从开业以来，引进了各种替代疗法。饮食疗法也是其中之一。

在别的医院工作的那段时间，我总是忙得无法按时吃饭。经常一个人在医院餐厅里吃变凉的食物。开业之后，有专人帮我做热饭热菜，可以吃到刚做好的热饭热菜，还能和厨师边聊边吃。用餐时间也是固定的。饭菜很好吃，而且每天都很期待用餐时间的到来。

后来，我注意到了一件事。用餐这个行为，内容固然很重要，但是除此之外，也需要我们真诚地接受厨师的诚意，一边品尝一边慢慢咀嚼。多亏这一变化，即使在工作繁忙的时候我也没有生病，始终保持旺盛的精力投入工作。

根据饮食生活而行的长寿方法中所提倡的理论、方法，我们称其为养生饮食（Macrobiotic）。这种想法来自"万物皆为由阴阳组成的具有相对性、流动性的存在"，它们认为"阴到极致便成阳，阳到极致便成阴"。

他们认为万病之根源在于阴或阳的过剩。玄米和铁火味噌、芝麻盐组成了营养最平衡的食物，不吃东西的话身体会处于饥饿状态，将堆积在体内的毒素排除掉，可以缓解某些症状。

我的病人中，也有人用了极小餐、养生餐后，身体状况逐渐好转，同时敏感度也降低了。

　　人体内的阴气在左半身和下半身，阳气集中在右半身和上半身。农药、化肥、合成添加物、精制砂糖、精制油等属于极阴食物，萝卜、胡萝卜、牛蒡、海带等属于阳气食物。大家可以在进食的时候考虑这些因素。

适当锻炼身体，不要过度偏向精神

发展障碍心理咨询师，同时也是亚斯伯格症候群患者的吉滨勉女士在自己的著作《被隐藏的亚斯伯格才能》中写道："心理、感情的问题，可以通过肉体的强化来改善。"

她总结了过去的经验，认为因为过分沉迷于精神世界，反而使问题变得更加严重。因此她还总结出了"不可磨去感性""不可锻炼灵力""不可遵从身体的感觉""不可做冥想"4个禁止事项。而且还建议"两天一次，做 30 分钟的跑步"，让它成为生活习惯。

另外，她还指出，尽量减少负面消极的行动、增加正面的积极行动才是重要的。也就是说，HSP 人群中比较多的是富有精神、灵魂感觉的人，也有的人完全沉迷于精神世界。为了保持身心平衡，我们可以参考一下吉滨勉提出的这些建议。

不惧怕、不逃避"看不见的东西"

感觉敏锐的 HSP 人群中，还有的人因为能看到"其他人看不到的东西"而烦恼。也就是所谓的有灵媒体质的人。听说容易被"幽灵"打扰的人都是那些性格懦弱、没办法拒绝、善解人意、共鸣能力高的人。重要的是不要对恶作剧感到害怕。据一位"灵力者"说，"灵"的大部分都是因为你自己的想法而起，是你自己凭空制造的，完全可以靠自己消除。

在加拿大，当地人会对在山谷河流边钓鱼的人说，如果遇到熊，要牢记"三个不"，即"不惧怕""不逃走""不给熊吃的"。潜水员如果在海底被鲸鱼追，前辈会告诉他们说"不惧怕""不逃跑""让自己看起来很强大"。

无论是人，还是动物，或者是未知的东西，应对方法都一样。越是害怕、讨厌的对象，越需要用强硬的态度去面对。首先，不能害怕对方。其次，不否定对方，尊敬对方，让他回到原来的地方。你只要抱着这种心态去接触就好了。不要对他抱有关心，他之所以靠近你，原因在于你自己，你要明白这些道理。

有时候你选择逃跑，但是对方没有放弃还继续追来，那么你可以说出"讨厌""为难""没有帮助""跟我无关"等类似的话，坚定地拒绝对方。如果对方还是赖着不走，你可以去找他人求助。不要一个人苦恼，也不要试图用自己的力量采取行动，不要过分努力，一定要记住这些。

愤怒时，利用"时间结束疗法"来恢复冷静

很多 HSP 者，在成长过程中习惯于拼命抑制自己心中的愤怒、拼命隐藏自己的伤口，有时遇到某一个场合就会爆发出来，发泄心中的愤怒。

愤怒本身是一种正常的情绪，但是，愤怒和其他的情绪相比，是很强烈的。它一旦爆发出来，就很容易伤害到自己和周围的人。

感觉到愤怒时，我建议你尝试"时间结束疗法"，避免愤怒像条件反射般爆发出来。你需要给自己一点时间，慢慢找回平静和理性。远离刺激，分散注意力，做深呼吸，并等待 6 秒钟，这些是很重要的。

如果这样做还不能让自己恢复平静的话，或者情绪高昂兴奋时，或受到其他人的影响而失落沮丧时，你要选择远离对方，到一个无人的地方去。比如卫生间的小隔间就不错，安安静静地待在那里。你可以慢慢体会到体内的兴奋正在渐渐消失、不快的情绪慢慢缓解的过程。

无论心中有多大的伤口，如果时常爆发出愤怒，就很难和他人构建信赖关系。正视自己的愤怒情绪，找到愤怒的原因，勇敢地直面，对自己说"知道了""就这样吧"，放手让它过去

才是重要的。

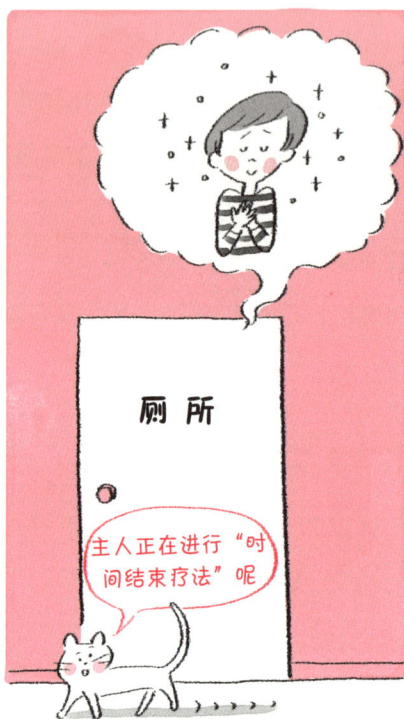

用语言来抹去记忆的"荷欧波诺波诺"

荷欧波诺波诺（Ho'oponopono）是夏威夷当地人大约 400 年前就开始使用的解决问题的一种疗法。我们在这里给大家介绍的是，稍做改动后的现代版本。

你要认为自己现在所经历的一切都是自己的责任。症状、问题的出现都是由你自己的"记忆"制造出来的，那么我们抹去这段记忆来解决吧。

做法很简单。对你心中的"尤尼希皮里"（Unihipili，在你心中的小孩，潜意识），说出"谢谢""对不起""请你原谅""我爱你"。

这 4 个句子，还有以下几种含义。

谢谢你一直抱着讨厌的心情，忍到现在。
对不起，我没有发现你的情况。
请你原谅对你一直放任不管的我。
我真的很爱你。

你要把这些话说出来，这样就和他人对你说效果是一样的。幼年的情感一直都藏在我们体内，用左手向右边方向按摩自己的肚子，一边按摩一边说出来，那么气和语言都会进入你的体内，达到双倍效果。

学会把意识的焦点放在"现在，在这里"

人的大脑在面对将信息、情报转为某种意识时，会采取以下3种方法。

第一，从外部接受信息，进行处理，将其意识化。

第二，从记忆、潜在意识中抽取所需的信息，进行处理，将其意识化。

第三，接受体内的情绪，进行处理，将其意识化。各种心理治疗都是同时针对体外和体内的意识而进行的。

在安静的地方坐下来，做冥想，减少从外部世界输入的信息，此时，脑子里必然就会浮现出记忆、潜意识里的信息。"放空大脑"其实很难做到。

这种时候，要想摆脱杂念，就得忽略它、不把它留住、让它流出去、放它走，这都是有效的方法。

也有一个方法是把意识转向其他事情。比如那一瞬间的呼吸、心跳数、体内器官的运动、臀部、脚掌心等，把焦点集中在身体感觉上，或想象某种形象，这样我们的大脑就不会被杂念占据。

还有一种方法是诵读、唱祝词、唱曼怛罗（Mantra），把意识集中在唱念行为上。自己发出的声音，会让思绪平静下来，慢慢就可以集中精神了。

人的烦恼、痛苦，之所以产生是因为人的意识飞到过去、未来，没有去体会"现在、这里"的感情、感觉所引起的。

把意识集中在"现在、这里"的方法中有一种是"心灵的安定化方法"，它可以有效预防负面的记忆、感情的爆发、压抑、乖离等现象。

心理咨询师大岛信赖，介绍过一种催眠手法，可以和"无意识"连接，让心（大脑）静下来。"看""听""感知"这3个动作，各重复4个拍子，这样可以有效控制住愤怒、不安等情绪的发作。你可以做参考。

下定决心果断放开现有的东西吧

美国作家拿破仑·希尔（Napoleon Hill），通过自己的挫折经验，总结出了"将人引至成功的力量"："明确的目标和绝不动摇的信念""自控力、和他人的协调""别人没有做的努力"等。他还说过"思考可以成为现实"。

也有一种说法是，"人生是提前都决定好的"。但是我认为，现在的环境，是既有的无数选项之一。命运是边活着边从中选择一个，并且可以去改变的。既然可以创造自己的未来，既然所想可以成为现实，那么人生也是充满期待和希望的。所以我们才说"这辈子没有白活"。

很多人坚信"自己怎么想怎么活那是不可能的""实现了自己想做的，只有一小撮人而已"。但是，这就跟都还没有站到自己人生的起点一样，和没有根的浮萍草、断了线的风筝一样，风一吹便摇晃不止。这种按照"他人轴"活着的人生，也太空虚、太浪费了。

要想改变现状，向下一个台阶进军，你就要先停止你之前在做的事情，把你现有的东西扔掉，成为零，这样才能获得新的。果断放手，把自己交给新遇到的人、状况或者新浮出的希望、目标。你会发现你的内心深处会有一种很强烈的想法——

"这样做，会变成这样"。

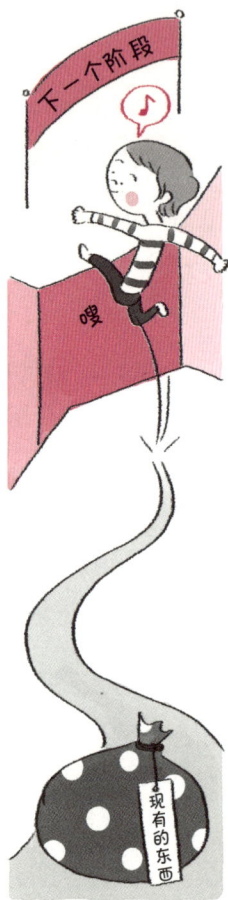

终于得到了"自己轴"的我现在所想的事情

我 2016 年 9 月开了自己的诊所。开业之后，我度过了人生中最忙碌、最繁忙而疲惫的时期。但是同时，我也有了非常不可思议的际遇、感悟，这是我人生中所学到的东西最多的时期。而且这段时间对我来说，更是该放下"拥有太多的东西""没有也可以的东西""没有得到过的东西"的时候。

HSP 者具备很多优秀的能力。但是，由于无法区分自己和他人，保护自己界线（自我）的意识淡薄，所以很容易被周围的人所影响，顺应他人，没办法自我主张，也就是说，他们在过着一种"他人轴"的人生。

但是，当你不再和他人做比较，即使没拥有很多东西，也认为"保持现在的我就好了""必须得按照现在的我活下去，除此之外没有别的办法"，当你达到这个境界时，方能发挥天生具有的能力。

人生并不是只有与生俱来的特性、天赋，我们有时候不得不受到父母、地区、时代的影响。也有很多人会以宿命论去面对，会说"我天生就是背负这个的命"，从而放弃作斗争。

而同时，其实也有很多人把眼光投向现实中正能量的一面，只获取必需的东西，打造出只有自己才有的东西，向现实做输出，通过这个过程来改变自己的命运。

为此，不可或缺的就是"自己轴"。"自己轴"必须要由自己决定，自己去打造。唯有如此。弱化"他人轴"，强化"自己轴"时，才能达到平衡，这个时候，你的本真才能开始发光。
不用害怕，请相信从你内心浮现出来的东西，迈出第一步。

只属于你一个人的"有魔力的语言"

语言具有非常神奇的力量。在平常的生活中，搜集一下可以让你变得积极乐观的"有魔力的语言"，当恐惧、不安突然来袭时，把那些句子说出来，能让心灵达到平和。日语中有"言魂"这个词，指的就是人的语言所具有的神奇力量。人的大脑有个特点，会把用语言说出来的事情当成"现实的东西"去意识。将那些有魔力的话说出来，那么，积极乐观的现实不久就会出现在你面前。

有魔力的语言（例）

- 不是后面，而是前面。

- 我是我，他人是他人。

- 没关系，绝对，没关系。

- 一定会有办法的。

- 成为我所梦想的自己。

- 过去是过去，现在是现在。

- 谢谢、谢谢。

- 所有的事都很顺利。

第 **4** 章

不管什么样的自己都能接受时，
人才能变得幸福

招致现状的正是"我自己"

我见到过很多抱着烦恼的 HSP 者，其中也包括属于 HSS 的我自己。不可否认的是，这个社会并不是一个适合 HSP 人群生活的环境。但同时，我认为，这种烦恼、困难状况是我们自己可以去改变的。

我经常觉得不可思议的是，被害妄想症十分强烈的人担心"变成这样子该怎么办呢"，他所担心的事情就真的会成为现实，而且这种情况还比较常见。比如，有人填了残疾人养老金的申请资料，他会十分担心地问我："大夫，这要是批不下来该怎么办啊？"

当然，我也会帮他确认很多遍，"都这么全了，应该不至于"，可是没想到真的就没批下来。我很惊讶，赶紧和社会保险劳务师确认，谁知，是因为我犯了一个小错误，而自己却没有发现。

越是十分不安的人，就越会发生这种事情。随着多次经历这种事情，我不得不开始想，无论是好事还是坏事，所有的现象会不会都是自己招来的呢？"虽然不想承认，但是会不会变成那样呢？""要是变成那样，该怎么办呢？"你心里越是这样想，事情就越会按照你想的那样发展。也许就是这样，越抱有不安的人越容易招致失败，反而越自信的人越能遇到奇迹。

如此说来，我们要改变强烈的受害意识、负面消极的思考和观念。改变潜意识，就能减轻我们生活中的烦恼。既然人生的现实是自己招致的，那么，自己去改变，这个道理再简单不过了。但是很多人不知道该如何去改变。

改变！！

表露真心，等于走出漆黑的隧道

我们来总结一下前面讲述的内容吧。我们说过，改变消极想法的方法之一，是意识到"真正的自己"。

要想找到真正的自己，必须了解自己内心的真实想法。真实想法，就是你自己真的想说的东西，也是真正的自己。可实际上，这种话我们绝对说不出口，而且也表露不出来。但要想实现真实的想法，必须得先将它说出口。

问题是内心真实的想法，其实并非很美好。"和老公在一起时，会觉得很没劲""我好羡慕朋友啊，都到了羡慕嫉妒恨的程度呢""我也想成为备受瞩目的那个人"，等等。其实这里面包含着很多真实的情绪。

正因为如此，很多人认为一旦说出了真实想法就会"被排除在外""被辞掉""人生就完了""被人嫌弃"，或者"不得不离婚"等，所以，他们的真实想法没敢表露在外而隐藏在内心深处，迎合周围的人，演一个"好人"。

实际上，自你说出真实想法的那一瞬间起，负面感情就会像火山爆发一样喷出来。不过也正是因为如此，问题才会迎来转机，有望解决，身心创伤、只有自己知道的秘密、一个人抱着发愁的难题才能够得到解决。

那么，我们的真实想法要对谁说才好呢？被人按到愤怒的开关，不可控制地爆发出来，这种情况也不是没有，我们只能接受。

　　不过，这世上有一部分人是很乐意帮助别人的。他们本身具有爱，具有光芒和力量。我们要找到这样的人，向他们诉说我们的真实想法。他们所在的地方，总会散发着明亮的光线。问题是你愿不愿意将目光投向他们。

　　"抱有很强的不安的人，即使看到有光的明亮地方，也会不由自主地把目光投向黑暗处，久而久之就很难发现世间明亮之处。"我在跟患者聊到今后的人生是走向正面的还是负面的时候，会跟他们说这样的话。

　　"我掉进了坑里，看到周围一片漆黑，也找不到出口在哪里。"这种时候，请你抬头看看天空。你应该能够看得见刚刚你还在的那个世界的一部分。井底之蛙没见过大海，但是它知道天空有多蓝。你只要想起来天空有多蓝就好。大声叫救命吧。请你不要自暴自弃，心想"没办法了"，而是应该继续求助、大声喊朋友帮忙。

　　在施行心理疗法时，当我对患者施行催眠诱导时，会听到有的患者说"漆黑一片，什么都看不到""什么都想不起来、什么都不知道"。我可以推测到，他们之所以这样说是因为内心已经砌好了一堵墙，坚决不想让他人看到自己的内心。

　　这种时候，我会去引导患者："花点儿时间是很正常的，等眼睛习惯了，你会慢慢看到一些东西。"或者"前面很黑没关系，你一定能找到一丝光线的，一起来找找看吧。"此时患者就会做出反应，回答我说："远方好像有一点光。"

"那我们往那个方向走一走看看吧。"我会这样推一把："光线慢慢强烈了。""啊，是出口。"患者也会做出相应的改变。"好啊，那我们从出口走出来吧。"我对患者说。患者就会说："啊，眼前是另外一个世界。"

放弃了，什么都不会开始。哪怕一点点光也比没有强，我们一起来找一找光线，向那个方向前进吧。我们需要的是勇气和觉悟。

吸引力法则

大家一定听说过"吸引力法则"。这个词汇经常用作积极乐观的含义来使用，比如"尽量想具体的梦想、愿望来吸引它就能实现"。

但是"吸引力法则"的本质，是"吸引真实想法"。所以，如果你有想吸引的东西，那么，有必要先明确自己的真实想法是什么。

比如，有的人开口闭口就是："我要加油！"这个人看似积极乐观，但仔细想想，他之所以特意将"我要加油"说出口，是因为他内心想的是"不努力不行""没准我会偷懒、不努力"。归根结底，他的内心深处对此事是抱有不安的。

真正自信的人，不会遇到什么事都会自信地说出："我会加油"。具有自我肯定感的人，会问："什么叫自我肯定？""就是我能做，我没问题，类似这种想法。"你要是这样回答他们，他们会反问一句："这不是理所应当的吗？"只有迷失了自己的真实想法，不抱有自我肯定感的人，才会说"我会加油"，才会拼命地把"我要加油、我要努力"挂在嘴边。

如果你有"我想这样做"的想法，就会吸引这样的东西。现在我内心最强烈的愿望是"我想让更多的人了解 HSP 人群"，实际上，真的有因过度敏感而痛苦的人拿起我的书阅读，还来找我。吸引力法则的确有不可思议之处吧。

人是会变的

很多 HSP 者烦恼的是"应该如何如何"的理想和"没有实现理想的自己"之间存在的差距。也有不少人对自己下定论，说"完全不行"。但是，仔细想想看，哪怕自己没有成为"应该这样"的自己，也应该有"已经实现的部分"。重要的是你有没有发现这个部分。你认为自己是"完全不行"的人，先找出自己的缺点，和理想化的自己与现实中的自己做个比较。我们称其为"心灵收纳架的整理"。勇敢地把自己在现实中的弱项找出来，不说谎、不隐瞒，做一个"真正属于自己的收纳架"。

到最后什么都不用添加，你的存在本身就是对别人的帮助。只要活着，就有你自己所不知道的价值。意识到这一点，你也会想"自然就好，真实的状态就好"。这就是我们所说的"领悟的境地"。但是人总会抱着"必须得实现什么""必须得成为什么样的人"等幻想。这些幻想是不知不觉间被注入大脑里的，会随着时代、生活环境的变化而改变。

障碍、外伤、疾病的含义是什么呢？会不会是教人懂得人生中真正需要去珍惜的是"度过自己的人生""活出真实的自己"呢？"活出真实的自己"，这个过程就是一步步去实现从内心深处涌出的"想做什么"的想法的过程。

很多人认为，"生命"最终还是和身体一同"消失"。但是，你只要将它认为"它不会消失、它是永恒的"，那么所有的经验是和大家共享的。实际上，我们现在所享受的现代生活，正是大家在各自的生命旅程中积攒经验、智慧并将其分享给其他人而带来的美好结果。

从这种意义上讲，我们的生命一直都是"活着"的，所以才会遇到不可思议的经历，还有的是现在才能经历的——如果你能这样想，那么现在的痛苦也会随之而消失。

还有一点，想法的重点是"人是会变的"。因为认定是"不改变的"，所以才会因变化而感到痛苦。不光是人，所有的事物也都会慢慢变化。

外表和内心、阴和阳、善和恶、正和邪成为一体，融为一体，慢慢变化。事情随着看法、立场而变好，也会变坏。所有的事情取决于你自己，可以由你自己来改变。这样想，那么人生就会变得轻松很多。

很多人害怕"失去"。人天生就会对自己既得的东西抱有想持续拥有的想法。这种时候，你要想"唯有失去，才能有新的。东西坏了，才能有新的出现"，你才能够放开现有的东西。

我知道所有的
东西都会变。

就像蛹变
成蝴蝶，

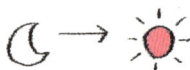

就像黑夜
变成早晨，

我也会
变的。

正是如此，
喵喵。

母性的时代

本书虽然没有详述"**母性**",但它也是一个重要的关键词。

所谓母性,就是包容所有的东西,以及养育、守护的力量。如果从精神方面来讲,现在是从父性时代到母性时代的过渡期。

父性时代,是战争的时代,用力量去征服和统治的时代。母性乍一看似乎很软弱,但是她有孕育万物的力量。HSP 者正是具有这样的特点,在父性时代无用武之地,然而到了母性时代,HSP 者就可以发挥强项,活跃在各个领域了。

现在这个时代是科学的时代,不过同时,人们开始重新审视大自然的力量。

比如,科学的核能发电和大自然的风力发电,并不是谁对谁错,而是两个都存在就好。

我们不是否定之前的所有东西,而是希望能找到更符合现实社会实情的、能够治愈大自然的力量,这也对今后的世界更有帮助,该多好啊。

超过二元论

实际上，我自己也是很长时间被"必须得如何如何"的想法所困扰、折磨的。后来，我身上有东西产生了很大变化，其中之一就是对"恶"的看法。

我们经常使用"善恶"这个词。为了幸福地生活，"善好，恶不好。恶会带来破坏。恶，必须尽量去消除"，这是我们大家公认的看法。然而有一天，我明白了这世上还有另外一种看法。

正因为有恶，事物会坏掉，新芽才会长出来，这就是恶的本质。如果这世上只有善，那么事物就不会产生变化。事物都有善与恶的一面，有时候会转换、反转，通过这样一种过程，保持着整体的平衡。我们并不是提倡让人们变成恶人，而是说这就是事物的"本质"。

人的内心也是一样的。没有100%的善人，也没有100%的恶人。根据身体状况、所处环境不同，人有的时候会对他人表现出善意，有的时候也会有恶意。如果你被类似"自始至终都要当善人""必须得正确"这种想法所束缚，那么就真的做不了任何事情。

首先，我们要放下这种想法。"我也有善恶两方面，这就是我"，要接受这一点。要超越"非善即恶"这种绝对的二元论，要学会具有"可以有两方面""根据看的方式、立场会变化的"

等想法，这样我们才能变得轻松和快乐。

西方和东方，科学和精神，父性和母性，人工和大自然……除了善恶之外，我们周围还存在不计其数的二元论。但是我在前面也写过，我们来讨论哪一个是恶、哪一种是正确的，是得不出什么结论的，反而会产生争执和敌意。这一点，同样适用于我们的内心和人生。

谁都具有弱点，同时也具有强项。一颗善良的心，有时候也会浮现一些狡猾的念头。无论哪一种都是我们自己，因为有了这两个方面，才算是真正的我。

从"我应该这样"成为"保持本真的我"——前面我们在讲，HSP 者或许比别人经历过更多痛苦的事情。但是从今往后，我希望大家学会利用 HSP 特有的特点，让它为大家的人生增添一分光彩。

有的风景原来
可以从这里，
也只有这里才
能看得见啊。

版权登记号：01-2020-5340

图书在版编目（CIP）数据

高敏感性格也可以很幸福 /（日）长沼睦雄著；金海英译.
-- 北京：现代出版社，2020.10
ISBN 978-7-5143-8587-8

Ⅰ.①高… Ⅱ.①长…②金… Ⅲ.①情绪-自我
控制-通俗读物 Ⅳ.① B842.6-49

中国版本图书馆 CIP 数据核字（2020）第 157416 号

高敏感性格也可以很幸福

著　　者　［日］长沼睦雄
编集协助　［日］社纳叶子
译　　者　金海英
责任编辑　赵海燕　王　羽
出版发行　现代出版社
通信地址　北京市安定门外安华里 504 号
邮政编码　100011
电　　话　010-64267325　64245264（传真）
网　　址　www.1980xd.com
电子邮箱　xiandai@vip.sina.com
印　　刷　北京瑞禾彩色印刷有限公司
开　　本　880mm×1230mm　1/32
印　　张　5.75
字　　数　119 千字
版　　次　2020 年 10 月第 1 版　2020 年 10 月第 1 次印刷
书　　号　ISBN 978-7-5143-8587-8
定　　价　39.80 元